传感器与检测技术实验实训指导书

主　编：杜豪杰　王雪晴　杨　光　尹凯阳　卫亚博

副主编：房　坤　薛亚许　曹森鹏　李阔湖　李鹏飞

孙现亭

吉林大学出版社

·长春·

图书在版编目（CIP）数据

传感器与检测技术实验实训指导书 / 杜豪杰等主编 .—
长春 ：吉林大学出版社，2023.4
　 ISBN 978-7-5768-1641-9

　Ⅰ．①传… Ⅱ．①杜… Ⅲ．①传感器—检测—实验—
高等学校—教学参考资料 Ⅳ．① TP212-33

中国国家版本馆 CIP 数据核字（2023）第 072356 号

书　　　名：传感器与检测技术实验实训指导书
　　　　　　CHUANGANQI YU JIANCE JISHU SHIYAN SHIXUN ZHIDAOSHU

作　　者：杜豪杰　　王雪晴　杨　光　尹凯阳　卫亚博
策划编辑：邵宇彤
责任编辑：陈　曦
责任校对：单海霞
装帧设计：优盛文化
出版发行：吉林大学出版社
社　　址：长春市人民大街 4059 号
邮政编码：130021
发行电话：0431-89580028/29/21
网　　址：http://www.jlup.com.cn
电子邮箱：jldxcbs@sina.com
印　　刷：三河市华晨印务有限公司
成品尺寸：185mm×260mm　　　16 开
印　　张：17.5
字　　数：400 千字
版　　次：2023 年 4 月第 1 版
印　　次：2023 年 4 月第 1 次
书　　号：ISBN 978-7-5768-1641-9
定　　价：98.00 元

前　言

传感器与检测技术是现代科技的前沿技术，发展迅猛，同计算机技术与通信技术一起被称为信息技术的三大支柱。传感器与检测技术是获取自然领域中信息的主要途径与手段，是现代科学的中枢神经系统，一切科学研究和生产过程所要获取的信息都要通过它转换为容易传输和处理的电信号。当下，传感器与检测技术具有巨大的应用潜力，拥有广泛的开发空间，发展前景十分广阔。

本书在习近平新时代中国特色社会主义思想指导下，落实"新工科"建设新要求，从传感器与检测技术实验、实训着手，共分为四大模块。首先针对传感器与检测技术基础知识进行了简要介绍，接着依次针对常见传感器的基础性实验操作过程进行了阐述，随后结合实际生产生活和工程实践以若干典型传感器的拓展性设计与应用展开了详细讲解，最后结合当下虚拟仿真技术在仿真训练领域的应用介绍了相关基础性虚拟仿真实验和拓展性虚拟仿真设计案例。读者在本书的指导下完成全部实验后，应能基本掌握传感器与检测技术的应用和初步设计方法。

本书可作为普通高等工科学校测控技术与仪器、自动化、电气工程及其自动化、电子信息工程等专业的实验、实训课程教材，也适用于高职高专的有关专业，还可供有关工程技术人员参考。

本书由杜豪杰、王雪晴、杨光、尹凯阳、卫亚博担任主编，由房坤担任副主编，其他参与本书编辑工作的有薛亚许、曹森鹏、李阔湖、李鹏飞、孙现亭，全书共40万字，由杜豪杰整体负责。其中杜豪杰负责模块三和附录程序的部分内容，共13万字；王雪晴主要负责了模块四的内容，共8.2万字；杨光、尹凯阳负责了模块二内容和部分程序，每人分别5.5万字；卫亚博负责了模块一和部分程序的内容，共5.5万字；房坤负责了附录程序的部分内容，共2.3万字。模块三产品实物选自学院学生实训实物，其中蓝牙手环、智能楼宇的实物分别主要选自席仁科、张永博等同学的作品。模块四虚拟化仿真中部分设计选自李瑞灵和张需跃的作品。

由于传感器与检测技术发展较快，编者水平有限，本书内容难免存在不妥之处，敬请读者批评指正。

本书受到"平顶山学院学术著作出版基金"资助；支撑"河南省高等学校青年骨干教师培养计划"（2020年河南省高等学校青年骨干培养计划，由杜豪杰主持的"智能重量分拣机器人的应用研究"项目），并受到项目资助；支撑杜豪杰 2019 年度"平顶山学院中青年骨干教师"培养对象，并受到项目资助；支撑杜豪杰主持的 2023 年河南省科技厅项目"面向智慧交通的摩擦纳米发电机光诱导电子传输机理研究"（23210224008）；支撑周丰群主持的河南省"高电压与绝缘技术重点学科"（周期 2018—2022 年），并受到项目资助。

本书支撑的项目还有杜豪杰主持的 2021 年河南省教育厅项目"智能重量分拣机器人的应用研究"（21B510008）、尹凯阳主持的 2022 年河南省科技攻关项目"站立任务下踝关节康复机器人协作控制关键技术研究"（222102220116）、杜豪杰主持的平顶山学院 2020 年度"互联网＋教育"专题教学研究与实践项目"应变式电桥性能的验证和应变式电子秤的设计"（HLW202003）等。

编者

2023 年 3 月

目　　录

模块一　传感器与检测技术基础

知识一　传感器基础知识

一、传感器的定义及其组成

随着信息处理技术的高速发展，微处理器和计算机技术现在已经在测量和控制系统中得到了广泛的应用，随着这些系统能力的增强，作为信息采集系统的前端单元，传感器的作用越来越重要。此外，传感器已成为自动化系统和机器人技术中的关键部件，作为系统中的一个结构组成，其重要性变得越来越明显。

根据中华人民共和国国家标准《传感器通用术语》（GB/T 7665—2005），传感器（transducer/sensor）的定义：能感受被测量并按照一定的规律转换成可用输出信号的器件或装置，通常由敏感元件和转换元件组成。传感器是一种以一定的精确度把被测量按一定的规律转换为电信号或其他所需形式的信息输出，以满足信息的传输、处理、存储、显示、记录和控制等要求的测量装置。其包含以下几个方面的意思：

（1）传感器是测量装置，能完成检测任务。

（2）输入量是某一被测量，可能是物理量，也可能是化学量、生物量等。

（3）输出量是某种物理量，这种量要便于传输、转换、处理、显示等等，这种量可以是气、光、电量，但主要是电量。

（4）输入输出有对应关系，且应有一定的精确度。

传感器是实现自动检测和自动控制的首要环节。以输出量为电量的传感器为例，传感器一般由敏感元件、转换元件、转换电路三部分组成，其组成框图如图1-1所示。

图1-1　传感器的组成框图

（1）敏感元件：直接感受被测量，并输出与被测量成确定关系的某一物理量的元件。

（2）转换元件：以敏感元件的输出为输入，把输入转换成电路参数的元件。

（3）转换电路：上述电路参数接入转换电路，便可转换成电量输出。

实际上，有些传感器很简单，仅由一个敏感元件（兼做转换元件）组成，它感受被测量时直接输出电量，如热电偶。有些传感器由敏感元件和转换元件组成，没有转换电路。有些传感器，转换元件不止一个，要经过若干次转换。

二、传感器的分类

目前对传感器尚无一个统一的分类方法，但比较常用的有以下几种：

（1）按照被测物理量分：如力、压力、位移、温度、角度等传感器。

（2）按照传感器的工作原理分：如应变式、压电式、压阻式、电感式、电容式、光电式等传感器。

（3）按照传感器转换能量的方式分：

①能量转换型：如压电式、热电偶、光电式等传感器；

②能量控制型：如电阻式、电感式、霍尔式等传感器以及热敏电阻、光敏电阻、湿敏电阻等。

（4）按照传感器工作机理分：

①结构型：如电感式、电容式等传感器；

②物性型：如压电式、光电式、各种半导体式等传感器。

（5）按照传感器输出信号的形式分：

①模拟式：传感器输出为模拟电压量；

②数字式：传感器输出为数字量，如编码器式传感器。

三、传感器的基本特性

传感器的输出－输入关系特性是传感器的基本特性，分为动态特性和静态特性。

（1）所谓动态特性，是指传感器在输入变化时，它的输出的特性。在实际工作中，传感器的动态特性常用它对某些标准输入信号的响应来表示。这是因为传感器对标准输入信号的响应容易用实验方法求得，并且它对标准输入信号的响应与它对任意输入信号的响应之间存在一定的关系，往往知道了前者就能推定后者。最常用的标准输入信号有阶跃信号和正弦信号两种，所以传感器的动态特性也常用阶跃响应和频率响应来表示。动态特性的研究方法与控制理论中介绍的类似，本书不再重复介绍。

（2）传感器的静态特性是指对静态的输入信号，传感器的输出量与输入量之间所具有的相互关系。因为这时输入量和输出量都和时间无关，所以它们之间的关系，即传感器的静态特性可用一个不含时间变量的代数方程来表示，或以输入量作横坐标、与其对应的输出量作纵坐标而画出的特性曲线来描述。衡量传感器静态特性的主要指标是线性度、灵敏度、分辨力、迟滞性和重复性等。

（一）灵敏度

灵敏度是传感器输出变化与输入变化之比，用 K 来表示。线性传感器的灵敏度就是拟合直线的斜率，即

$$K = \frac{\Delta y}{\Delta x} \tag{1-1}$$

式中：x——输入量；

　　　y——输出量。

对于线性传感器而言，其灵敏度为一常数。例如，某线性位移传感器在位移变化 1 mm 时，输出电压变化 500 mV，则其灵敏度为 500 mV/mm。

对于非线性传感器而言，其灵敏度通常不是常数，随着输入量的变化而变化，可通过作其输出 – 输入曲线的切线的方法，求其曲线上任意一点的灵敏度，其表示式为

$$K = \frac{\mathrm{d}y}{\mathrm{d}x} \tag{1-2}$$

（二）线性度

传感器的线性度是指传感器输出与输入之间的线性程度。

通常我们希望传感器的输出 – 输入关系具有线性特性，这样可使仪表刻度均匀，在整个测量范围内具有相同的灵敏度，并且不需采用线性化措施，从而简化测量环节。但实际上许多传感器的输出 – 输入关系总是具有不同程度的非线性特性。

假设传感器没有迟滞和蠕变效应，一般静态特性可用下列多项式来描述：

$$y = a_0 + a_1 x + a_2 x^2 + \cdots + a_n x^n = a_0 + \sum_{i=1}^{n} a_i x^i \tag{1-3}$$

式中：x——输入量；

　　　y——输出量；

　　　a_0——零位输出；

　　　a_1——传感器的灵敏度，常用 K 表示；

　　　a_2，a_3，$\cdots$，a_n——非线性项的待定常数。

式（1-3）即为传感器静态特性的数学模型。该多项式可能有四种情况，其对应的特性曲线如图 1-2 所示。

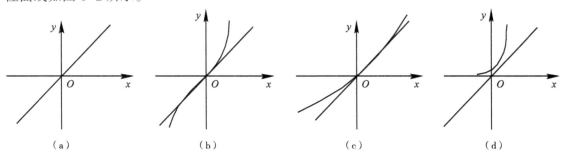

| （a） | （b） | （c） | （d） |

图 1-2　传感器静态特性曲线

1. 理想线性

这种情况下 $a_0 = a_2 = a_3 = \cdots = a_n = 0$，于是传感器静态特性的数学表达式变为 $y = a_1 x$，传感器静态特性曲线为过原点的一条直线，如图 1-2（a）所示，其灵敏度为常数。

2. 输出 – 输入特性曲线关于原点对称

此时，其静态特性曲线在原点附近相当范围内基本是直线性，传感器静态特性的数学表达式为 $y = a_1 x + a_3 x^3 + a_5 x^5 + \cdots$，即只存在奇次项。这种情况如图 1-2（b）所示。

3. 输出 – 输入特性曲线不对称

此时，传感器静态特性的数学表达式为 $y = a_1 x + a_2 x^2 + a_4 x^4 + \cdots$，即只存在偶次项。这种情况如图 1-2（c）所示。

4. 普遍情况

普遍情况下的表达式就是式（1-3），对应的静态特性曲线如图 1-2（d）所示。

当传感器特性出现如图 1-2 中（b）、（c）、（d）所示的非线性情况时，就必须采取线性化补偿措施。

通常，线性度是评价非线性程度的参数，其定义：传感器的输出 – 输入校准曲线与某一选定拟合直线之间的最大偏差与传感器量程（输出范围）之比，又称为非线性误差，记为 γ_L，通常用相对误差百分比来表示：

$$\gamma_L = \frac{|\Delta L|_{\max}}{y_{OR}} \times 100\% \tag{1-4}$$

式中：$|\Delta L|_{\max}$——传感器的输出 – 输入校准曲线与拟合直线之间的最大偏差；

　　　y_{OR}——传感器的量程（输出范围）。

由于采用的拟合直线即理论直线不同，线性度就有差异。因此，即使在同一条件下对同一传感器做校准实验时，得出的线性度 γ_L 也可能不一样。因而在给出线性度时，必须说明其所依据的拟合直线。

确定拟合直线的方法有很多种，例如，以校准数据的零点输出平均值和满量程输出平均值连成的直线作为拟合直线，此拟合直线称为端基理论直线，由端基理论直线得到的线性度，称为端基线性度，如图 1-3 所示。计算公式如下：

$$\gamma_L = \frac{|\Delta L|_{\max}}{\overline{y}_{FS} - \overline{y}_0} \times 100\% \tag{1-5}$$

式中：$|\Delta L|_{\max}$——传感器的输出 – 输入校准曲线与端基理论直线之间的最大偏差；

　　　$\overline{y}_{FS}$——传感器满量程输出平均值；

　　　$\overline{y}_0$——传感器零点输出平均值。

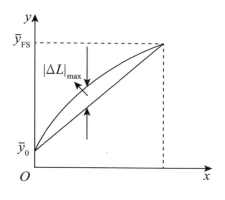

图 1-3　端基线性度

大多数传感器输出 – 输入特性为非线性的，使用一次函数进行拟合可能误差较大。目前多采用计算机通过传感器的输出 – 输入校准曲线上的大量数据，使用多项式函数按最小二乘法原理拟合直线，使该直线与传感器或系统的校准数据的残差平方和最小。

（三）分辨力

分辨力是指传感器可能感受到的被测量的最小变化的能力。也就是说，如果输入量从某一非零值缓慢地变化，当输入变化值未超过某一数值时，传感器的输出不会发生变化，即传感器对此输入量的变化是分辨不出来的。只有当输入量的变化超过分辨力时，其输出才会发生变化。对于数字仪表而言，如果没有特殊说明，该仪表读数的最后一位所表示的数值即为其分辨力。

通常传感器在满量程范围内各点的分辨力并不相同，因此常用满量程中能使输出量产生阶跃变化的输入量中的最大变化值作为衡量分辨力的指标。上述指标若用满量程的百分比表示，则称为分辨率。

（四）迟滞性

传感器的输入量由小增大（正行程），继而由大减小（反行程）的测试过程中，对应于同一输入量，输出量往往有差别，这种现象称为迟滞性，其反映的是传感器的正向特性和反向特性不一致的程度。

造成传感器迟滞性的原因主要有装置内的弹性元件、磁性元件以及机械部分的摩擦、间隙、积塞灰尘等。迟滞性常用传感器全量程中最大迟滞与传感器量程（输出范围）之比来表示，记为 γ_H。

例如，某传感器的迟滞性如图 1-4 所示，其正向特性曲线和反向特性曲线在图中已标出，此传感器迟滞性计算公式为

$$\gamma_H = \frac{\Delta H_{max}}{\bar{y}_{FS} - \bar{y}_0} \times 100\% \tag{1-6}$$

式中：ΔH_{max}——传感器的输出值在正反行程中的最大差值；

$\overline{y}_{FS}$——传感器满量程输出平均值；

$\overline{y}_0$——传感器零点输出平均值。

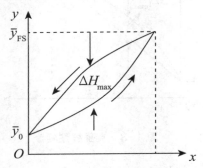

图 1-4　传感器的迟滞性

迟滞会引起传感器的重复性、分辨力变差，故希望其越小越好。

5. 重复性

传感器在多次重复测试时，在同是正行程或同是反行程中，对应同一输入的输出量不同的现象称为传感器重复性误差。

传感器在同一工作条件下，输入量按同方向做全量程连续多次变动时，所得特性曲线之间的一致程度称为传感器的重复性，如图 1-5 所示。按相同输入条件多次测试的输出特性曲线越重合，其重复性越好，误差也越小。

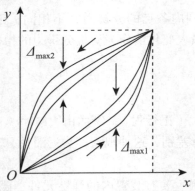

图 1-5　传感器的重复性

传感器重复性误差与迟滞现象相同，主要由传感器机械部分的磨损、间隙、松动、部件的内摩擦、积尘以及辅助电路老化和漂移等原因产生。

重复性误差为随机误差，记为 γ_R，其计算公式为

$$\gamma_R = \pm \frac{\Delta_{max}}{\overline{y}_{FS} - \overline{y}_0} \times 100\% = \pm \frac{k\sigma_{max}}{\overline{y}_{FS} - \overline{y}_0} \times 100\% \tag{1-7}$$

式中：Δ_{max}——传感器在正、反行程中各测量点极限误差的最大值；

$\qquad$ σ_{max}——全部校准点正行程与反行程输出值的标准偏差中的最大值；

$\qquad$ k——置信系数；

$\qquad$ $\overline{y}_{FS}$——传感器满量程输出平均值；

$\qquad$ $\overline{y}_0$——传感器零点输出平均值。

说明：在校准时，若有 m 个校准点，正、反行程共可求得 $2m$ 个 σ，应取其中最大的值 σ_{max} 来计算重复性误差。

知识二　测量方法与误差

一、测量的基本概念

在自然界中，对任何不同的研究对象，若要从数量方面对它进行研究和评价，都是通过测量代表其特性的物理量来实现的。测量就是用实验的方法，借助一定的仪器或设备把被测量与其相应的测量单位进行比较，求出两者的比值，从而得到被测量数值大小的过程。测量所得的结果即测量值，包括被测量的大小、符号（正或负）及测量单位。设被测量为 x，单位量为 x_0，则测量结果的数值 A_x 为

$$A_x = \frac{x}{x_0} \tag{1-8}$$

例如，要对一个人的身高进行测量，就需要使用具有刻度单位（如 cm）的测量仪器把被测人员身高与刻度单位进行比较，得到此人身高对应测量仪器上的数值，即可得到被测人员的身高（如 178 cm）。

可以看出，测量过程实质上就是将被测量与体现测量单位的标准量进行比较的过程，而测量仪表就是实现这种比较的工具。在工业测量仪表中，为了便于使这一比较过程自动完成，一般都是根据某些物理、化学效应，将被测量转换成一个相应的、便于测量比较的信号形式显示出来。

二、测量的基本方法

测量是以同性质的标准量（也称为单位量）与被测量比较，并确定被测量对标准量的倍数的一个过程。测量方法的正确与否是十分重要的，要根据测量任务提出的精度要求和其他技术指标，认真进行分析和研究，找出切实可行的测量方法，选择合适的测量仪表、仪器或装置，然后进行测量。

测量方法的分类是多种多样的。

（1）根据测量时被测量是否随时间变化可分为静态测量和动态测量。

①静态测量是指认为被测量在测量过程中是固定不变的，是不随着时间变化而变化的，对这种被测量进行测量的测量方法。静态测量不需要考虑时间因素对被测量的影响。例如，用激光干涉仪对建筑物的缓慢沉降进行长期监测就属于静态测量。

②动态测量是指被测量在测量过程中是随时间不断变化的，对这种被测量进行测量的测量方法。例如，用光纤陀螺仪测量火箭的飞行速度、方向就属于动态测量。

（2）根据测量的手段不同，可分为直接测量和间接测量。

①用标定的仪表直接读取被测量的测量结果，该方法称为直接测量。例如，用磁电式仪表测量电流、电压；用离子敏场效应晶体管测量 pH 值和甜度等。

②间接测量是对几个与被测量有确定函数关系的物理量进行直接测量，然后将测量值代入函数关系式，经过计算求得被测量。例如，利用物质热胀冷缩原理测量温度。

（3）根据测量结果的显示方式，可分为模拟式测量和数字式测量。要求精密测量时，绝大多数测量均采用数字式测量。

（4）根据测量时是否与被测对象接触，可分为接触式测量和非接触式测量。例如，用游标卡尺来测量某零件的尺寸属于接触式测量；用多普勒超声测速仪测量汽车速度就属于非接触式测量。非接触式测量不影响被测对象的运行状态，是目前发展的趋势。

（5）根据检测过程是否与生产过程同时进行，可分为在线测量和离线测量。例如，为了监视生产过程，在生产流水线上检测产品质量的测量称为在线测量，它能保证产品质量的一致性。离线测量虽然能测量出产品的合格与否，但无法实时监控生产质量。

（6）根据测量方式可分为偏差式测量、零位式测量与微差式测量。

①偏差式测量即利用测量仪表的指针相对于刻度的偏差位移直接表示被测量的数值（根据仪表、仪器的读数来判断被测量的数值），而作为单位的标准量并不参与比较。在这种测量方法中，必须定期用测量标准量对仪器仪表刻度进行校准，否则随着时间的推移容易产生灵敏度漂移和零点漂移。例如，使用电子秤测量物体的质量，使用万用表测量电压、电流等。

②零位式（又称补偿式或平衡式）测量，在测量过程中，用已知的标准量直接与被测量比较，若有差值用指零仪表来指示，当指零仪表指在零位时，说明被测量等于标准量，然后用标准量之值决定被测量之值。用这种测量方法进行测量，标准量具装在仪表内，在测量过程中，标准量直接与被测量进行比较，测量结果的误差主要取决于标准量的误差，因此测量精度比偏差法高。例如，使用天平测量物体的质量、使用电位差计测量电压等。

③微差式测量是偏差式测量和零位式测量的综合应用，综合了偏差式测量和零位式测量的优点，具体方法是将被测量的大部分用零位法和标准量相平衡抵消，其剩余部分，即两者的差值再用偏差法来测量。微差式测量的优点是反应快，测量精度高，既适用于测量缓变信号，也适用于测量迅速变化的信号，因此，在实验室和工程测量中都得到了广泛应用。微差式测量的典型例子就是用不平衡电桥来测量电阻。

三、测量误差

（一）测量误差的基本概念

测量过程中，无论测量仪器多么精密，观测多么仔细，从测量实践中可以发现，测量结果不可避免地存在差异。例如，对某段距离进行多次测量，或反复观测同一角度，发现每次测量结果都不一致；又如观测三角形的内角和不等于180°。

所谓误差是指测量仪表的指示值与被测量真值（反映一个量真正大小的绝对准确的数值）之间的偏差值。

（二）测量误差的来源

测量工作是在一定条件下进行的，外界环境、观测者的技术水平和感官鉴别能力的局限性及仪器本身构造的不完善等原因，都可能导致测量误差的产生。因此，测量误差主要来自以下三个方面：

（1）外界条件。主要指观测环境中气温、气压、空气湿度和清晰度、风力以及大气折光等因素的不断变化，导致测量结果中带有误差。

（2）仪器条件。仪器在加工和装配等工艺过程中，不能保证仪器的结构能满足各种几何关系，这样的仪器必然会给测量带来误差。

（3）观测者的自身条件。由于观测者感官鉴别能力所限以及技术熟练程度不同，也会在仪器对中、整平和瞄准等方面产生误差。

通常把测量仪器、观测者的技术水平和外界环境三个方面综合起来，称为观测条件。观测条件不理想和不断变化，是产生测量误差的根本原因。

（三）测量误差的分类

测量误差的表示形式因其用途不同而不同，测量误差的分类方法也有所不同。

（1）按误差产生的原因及规律可以分为系统误差、随机误差和粗大误差。

①系统误差是指在相同的条件下，多次测量同一量时，出现的一种绝对值大小和符号保持不变或是按照某一规律变化的误差。系统误差是由仪表质量问题、测量原理不完善、仪表使用不当或工作条件变化引起的一种误差。例如，用一把名义长度为50 m的钢尺去量距，经检定钢尺的实际长度为50.005 m，则每量一尺，就带有+0.005 m的误差（"+"表示在所量距离值中应加上），丈量的尺段越多，所产生的误差越大，这种误差与所丈量的距离成正比。系统误差具有明显的规律性和累积性，对测量结果的影响很大，但是由于系统误差的大小和符号有一定的规律，可以通过对测量结果引入适当的修正而消除。

②随机误差是指消除系统误差之后，在相同的条件下测量同一量时，出现的一种误差值以不可预计的方式变化的误差，又称为偶然误差。例如，用经纬仪测角时的照准误差、用钢尺量距时的读数误差等，都属于随机误差。随机误差是由那些对测量结果影响较

小、尚未认识或无法控制的因素（如电子干扰等）造成的。在多次重复测量同一量时，其误差值总体上服从统计规律（如正态分布）。根据随机误差的统计规律特征，可对其示值大小和可靠性做出评价，并可通过适当增加测量次数求平均值的方法，减少随机误差对测量结果的影响。

③粗大误差是指一种显然与事实不符的误差，其误差值较大且违反常规。粗大误差一般是由操作人员在操作、读数或记录数据时粗心大意造成的。测量条件的突然改变或外界重大干扰也会造成粗大误差。对于这类误差一旦发现，应及时纠正。

（2）按误差的数值表示方法，可分为绝对误差、相对误差和引用误差。

①绝对误差是仪器仪表的示值 x_m 与被测量真值 x_1 之差的代数值。它是以被测量单位表示的误差，以符号 E_a 表示，即

$$E_a = x_m - x_1 \tag{1-9}$$

显然，绝对误差只能表示示值误差的大小，而无法表示测量结果的可信程度，也不能用来衡量不同量程同类仪表的准确度。

②相对误差是仪表示值的绝对误差与被测量真值之比，以符号 E_r 表示，即

$$E_r = \frac{E_a}{x_1} \times 100\% \tag{1-10}$$

它是一个无量纲值。由于真值不易取得，有时用仪表示值代替真值求相对误差（称为标称相对误差），用 E_k 表示，即

$$E_k = \frac{E_a}{x_1} \times 100\% \tag{1-11}$$

相对误差比绝对误差更能说明测量结果的准确程度。例如，测量长度过程中有两组测量值，第一组 $x_1 = 1\ 000$ mm，$x_m = 1\ 005$ mm，则 $E_a = +5$ mm，$E_r = 0.5\%$；第二组 $x_1 = 100$ mm，$x_m = 105$ mm，则 $E_a = +5$ mm，$E_r = 5\%$。两组测量结果的绝对误差虽然相等，但第一组结果的相对误差小得多，显然第一组比第二组准确可信。

单凭绝对误差和相对误差评价一台仪表的准确与否是不行的。因为仪表的测量范围各不相同，即使有相同的绝对误差，也不能说两仪表一样准确。在仪表测量范围内各点绝对误差各不相同，相对误差也不是一个定值，它们将随被测量的大小而变化。特别是当被测量值趋于零时，相对误差在理论上将趋于无穷大，所以亦无法用相对误差衡量仪表的准确程度。工业上常用仪表的"引用误差"表示其测量准确程度。

③引用误差是仪表示值的绝对误差与仪表量程之比，可以表示为

$$E_q = \frac{E_a}{R_s} \times 100\% \tag{1-12}$$

式中：E_q——仪表的引用误差；

R_s——仪表的量程，$R_s = x_{max} - x_{min}$。

其中，x_{max} 与 x_{min} 是仪表测量范围的最大值与最小值，对于就地显示仪表，x_{max}，x_{min}

也就是仪表标尺上、下限刻度值。例如，某一温度计的测量范围为 –30 ~ 120 ℃，则其量程为 150 ℃。对于测量范围下限为零的仪表，其量程就是测量范围的上限值，如普通压力表就是这样。

（3）按误差与仪表使用条件的关系可分为基本误差和附加误差。

①基本误差是仪表在规定的正常工作条件下，所可能产生的误差。仪表基本误差的允许值，叫作仪表的"最大允许绝对误差"，用 E_{max} 表示。仪表在规定条件下工作时，其示值的绝对误差数值（绝对值）都不应超过其最大允许绝对误差，即 $|E_a| \leqslant E_{max}$。

②附加误差是仪表在偏离规定的正常工作条件下使用时附加产生的新误差。此时仪表的实际误差等于基本误差与附加误差之和。

由于仪表在工作条件（如温度、湿度、振动、电源电压、频率等）改变时会产生附加误差，所以在使用仪表时，应尽量满足仪表规定的工作条件，以防产生附加误差。

模块二　基础性实验

项目一　电阻式传感器实验

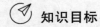 **知识目标**

1. 能够说出电阻的应变效应和压阻效应原理。
2. 能够解释基于应变效应和压阻效应的应用原理。

能力目标

1. 掌握单臂电桥、半桥、全桥电路的性能分析方法。
2. 会应用基于常见电阻式传感器的测量电路。

电阻式传感器的基本工作原理是将被测量的变化转化为传感器电阻值的变化，再经一定的测量电路实现对测量结果的输出。电阻式传感器应用广泛、种类繁多，如电位式、应变式、热电阻和热敏电阻等。

金属箔式应变片是基于电阻应变效应，用金属箔作为敏感栅，能把被测试件的应变量转换成电阻变化量的敏感元件。

扩散硅压力传感器是利用压阻效应原理，采用集成工艺技术经过掺杂、扩散，沿单晶硅片上的特点晶向，制成应变电阻，构成惠斯通电桥。利用硅材料的弹性力学特性，在同一切硅材料上进行各向异性微加工，就制成了一个集力敏与力电转换检测于一体的扩散硅传感器。扩散硅压力传感器的压力直接作用于传感器的膜片上（不锈钢或陶瓷），使膜片产生与介质压力成正比的微位移，传感器的电阻值发生变化，用电子线路检测到这一变化，并转换输出一个对应于这一压力的标准测量信号。

※ 实验一　金属箔式应变片——单臂电桥性能实验

一、实验目的

分析金属箔式应变片的应变效应及单臂电桥工作原理，运用实验对单臂电桥的性能进行分析。

二、实验设备

应变传感器实验模块、托盘、砝码、数显电压表、±15 V 电源、±4 V 电源、万用表。

三、实验原理

电阻丝在外力作用下发生机械变形时，其电阻值发生变化，这就是电阻应变效应，描述电阻应变效应的关系式为

$$\frac{\Delta R}{R} = K\varepsilon \left(\varepsilon = \frac{\Delta l}{l} \right) \tag{2-1}$$

式中：$\dfrac{\Delta R}{R}$——电阻丝电阻相对变化；

K——应变灵敏系数；

ε——电阻丝长度相对变化。

金属箔式应变片就是通过光刻、腐蚀等工艺制成的应变敏感组件，如图 2-1 所示，四个金属箔式应变片分别贴在弹性体的上下两侧，弹性体受到压力发生形变，应变片随弹性体形变被拉伸或被压缩。

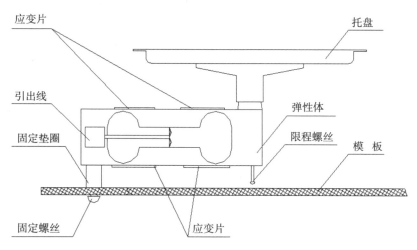

图 2-1　金属箔式应变片实验模块示意图

通过这些应变片转换被测部位受力状态变化，电桥的作用为完成电阻到电压的比例变化。

电路内的固定电阻与应变片一起构成一个单臂电桥，其输出电压为

$$U_\mathrm{o} = \frac{E}{4} \cdot \frac{\dfrac{\Delta R}{R}}{1 + \dfrac{1}{2} \cdot \dfrac{\Delta R}{R}} \tag{2-2}$$

式中：E——电桥电源电压；

　　　R——固定电阻值。

上式表明单臂电桥输出为非线性的，非线性误差如下：

$$\gamma_\mathrm{L} = -\frac{1}{2} \cdot \frac{\Delta R}{R} \times 100\% \tag{2-3}$$

四、实验内容与步骤

（1）将应变传感器上的各应变片分别接到应变传感器实验模块左上方的 R_1，R_2，R_3，R_4 上，可用万用表测量其电阻，得 $R_1 = R_2 = R_3 = R_4 = 350\ \Omega$。

（2）差动放大器调零。从主控台接入 ±15 V 电源，检查无误后，合上主控台电源开关，将差动放大器的输入端 U_i 短接并与地短接，输出端 $U_{\mathrm{o}2}$ 接数显电压表（选择 2 V 挡）。将电位器 $R_{\mathrm{w}3}$ 调到增益最大位置（顺时针转到底），调节电位器 $R_{\mathrm{w}4}$ 使电压表显示为 0。关闭主控台电源。（$R_{\mathrm{w}3}$，$R_{\mathrm{w}4}$ 的位置确定后不能改动）

（3）按图 2-2 连线，将应变式传感器的其中一个应变电阻（如 R_1）接入电桥与 R_5，R_6，R_7 构成一个单臂直流电桥。

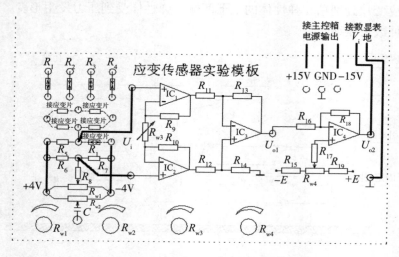

图 2-2　单臂电桥电路接线图

（4）加托盘后电桥调零。电桥输出接到差动放大器的输入端 U_i，检查接线无误后，

合上主控台电源开关，预热 5 min，调节 R_{w1} 使电压表显示为 0。

（5）在应变传感器托盘上放置一只砝码，读取数显表数值，依次增加砝码和读取相应的数显表数值，直到 200 g 砝码加完，记下实验结果，填入表 2-1，关闭电源。

表2-1　单臂电桥实验记录表

质量 /g										
电压 /mV										

（6）根据表 2-1 计算系统灵敏度 $S = \dfrac{\Delta U}{\Delta W}$（$\Delta U$ 为输出电压变化量，ΔW 为质量变化量）和非线性误差 $\gamma_L = \dfrac{\Delta m}{\overline{y}_{FS}} \times 100\%$，$\Delta m$ 为输出值（多次测量时为平均值）与拟合直线的最大偏差，$\overline{y}_{FS}$ 为满量程（200 g）输出平均值。

五、实验注意事项

（1）加在应变传感器上的压力不应过大，以免造成应变传感器的损坏。

（2）若出现零点漂移现象，则是应变片在供电电压下，本身通过电流所形成的温度效应的影响，可观察零点漂移数值的变化，若调零后数值稳定下来，表示应变片已处于工作状态，时间是 5 ～ 10 min。

（3）若出现数值不稳定、电压表读数随机跳变的情况，可再次确认各实验线的连接是否牢靠，且保证实验过程中，尽量不接触实验线，另外，由于应变实验增益比较大，实验线陈旧或老化后产生线间电容效应，也会产生此现象。

六、问题与讨论

（1）查阅资料，试讨论在搭建单臂电桥电路时，作为桥臂电阻应变片应选以下哪种比较合适？

①正（受拉）应变片；②负（受压）应变片；③正、负应变片均可。

（2）如何正确地计算灵敏度？

灵敏度 $S = \dfrac{\Delta U}{\Delta W}$（$\Delta U$ 为输出电压变化量，ΔW 为质量变化量），需要多次测量求平均值来减少误差，那如何正确求平均值呢？

方法一：

$$S_1 = \frac{U_2 - U_1}{W_2 - W_1} = \frac{U_2 - U_1}{20\,\text{g}}, S_2 = \frac{U_3 - U_2}{20\,\text{g}}, \cdots, S_9 = \frac{U_{10} - U_9}{20\,\text{g}} \tag{2-4}$$

$$\overline{S} = \frac{U_2 - U_1 + U_3 - U_2 + \cdots + U_{10} - U_9}{20\,g} \times \frac{1}{9} = \frac{U_{10} - U_1}{20\,g} \times \frac{1}{9} \qquad (2\text{-}5)$$

请思考：该计算方法是否正确？大家肯定会说："你这样问那肯定该计算方法是不正确的。"

但是请大家继续思考并讨论：该方法原则上是正确的，为什么这样计算就不正确呢？错误的根本原因到底是什么？还有其他方法吗？

方法二：

$$S_1 = \frac{U_6 - U_1}{100\,g}, S_2 = \frac{U_7 - U_2}{100\,g}, \cdots, S_5 = \frac{U_{10} - U_5}{100\,g} \qquad (2\text{-}6)$$

$$\overline{S} = \frac{(U_6 + U_7 + \cdots + U_{10}) - (U_1 + U_2 + \cdots + U_5)}{100\,g} \times \frac{1}{5} \qquad (2\text{-}7)$$

这样计算可以吗？

还有同学会说，我就想用 $S_1 = \dfrac{U_2 - U_1}{W_2 - W_1}$，那我们后面该如何改进呢？下面我们继续思考并讨论就可以得到以下方法。

方法三：

$$S_1 = \frac{U_2 - U_1}{20\,g} \qquad (2\text{-}8)$$

$$S_2 = \frac{U_4 - U_3}{20\,g}, \cdots, S_5 = \frac{U_{10} - U_9}{20\,g} \qquad (2\text{-}9)$$

$$\overline{S} = \frac{(U_2 + U_4 + \cdots + U_{10}) - (U_1 + U_3 + \cdots + U_9)}{20\,g} \times \frac{1}{5} \qquad (2\text{-}10)$$

这样算就可以了。

请继续思考，从方法一到方法二和三，我们是如何改进方法一的？你还有其他的方法吗？

※ 实验二　金属箔式应变片——半桥性能实验

一、实验目的

比较半桥与单臂电桥的性能，分析其特点。

二、实验设备

应变传感器实验模块、托盘、砝码、数显电压表、±15 V 电源、±4 V 电源、万用表。

三、实验原理

不同受力方向的两只应变片接入电桥作为邻边，如图 2-3 所示。使电桥输出灵敏度提高，非线性特性得到改善，当两只应变片的阻值相同、应变数也相同时，半桥的输出电压为

$$U_o = \frac{EK\varepsilon}{2} = \frac{E}{2} \cdot \frac{\Delta R}{R} \tag{2-11}$$

式中：E——电桥电源电压；

$\quad\ K$——应变灵敏系数；

$\quad\ \varepsilon$——电阻丝长度相对变化；

$\quad\ \dfrac{\Delta R}{R}$——电阻丝电阻相对变化。

式（2-11）表明，半桥输出与应变片阻值变化率呈线性关系。

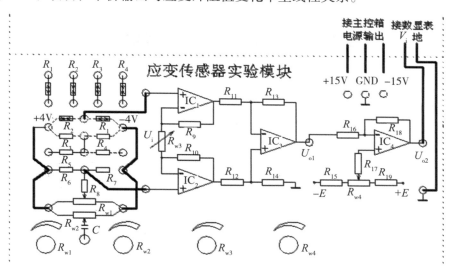

图 2-3 半桥电路接线图

四、实验内容与步骤

（1）将应变传感器安装在应变传感器实验模块上，可参考实验一中图 2-1。

（2）差动放大器调零，参考实验一步骤（2）。

（3）按图 2-3 接线，将受力相反（一片受拉，一片受压）的两只应变片接入电桥的邻边。

（4）加托盘后电桥调零，参考实验一步骤（4）。

（5）在应变传感器托盘上放置一只砝码，读取数显表数值，依次增加砝码和读取相应的数显表数值，直到 200 g 砝码加完，记下实验结果，填入表 2-2，关闭电源。

表2-2　半桥实验记录表

质量 /g									
电压 /mV									

（6）根据表 2-2 计算系统灵敏度 S 和非线性误差 γ_L。

五、实验注意事项

同实验一。

六、问题与讨论

引起半桥测量时非线性误差的原因是什么？

※　实验三　金属箔式应变片——全桥性能实验

一、实验目的

运用实验对全桥测量电路的性能进行分析，并指出其优点。

二、实验设备

应变传感器实验模块、托盘、砝码、数显电压表、±15 V 电源、±4 V 电源、万用表。

三、实验原理

全桥测量电路中，将受力性质相同的两只应变片接到电桥的对边，不同的接入邻边，如图 2-4 所示。当应变片初始值相等、变化量也相等时，其桥路输出电压为

$$U_o = KE\varepsilon \tag{2-12}$$

式中：E——电桥电源电压；

　　K——应变灵敏系数；

　　ε——电阻丝长度相对变化。

式 (2-12) 表明，全桥输出灵敏度比半桥又提高了一倍，非线性误差得到进一步改善。

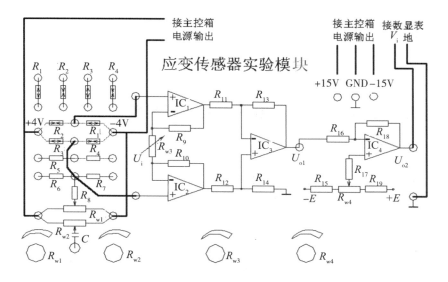

图 2-4 全桥电路接线图

四、实验内容与步骤

（1）将应变传感器安装在应变传感器实验模块上，可参考实验一中图 2-1。

（2）差动放大器调零，参考实验一步骤（2）。

（3）按图 2-4 接线，将受力相反（一片受拉，一片受压）的两对应变片分别接入电桥的邻边。

（4）加托盘后电桥调零，参考实验一步骤（4）。

（5）在应变传感器托盘上放置一只砝码，读取数显表数值，依次增加砝码和读取相应的数显表数值，直到 200 g 砝码加完，记下实验结果，填入表 2-3，关闭电源。

表2-3 全桥实验记录表

质量 /g											
电压 /mV											

（6）根据表 2-3 计算系统灵敏度 S 和非线性误差 γ_{L}。

五、实验注意事项

同实验一。

六、问题与讨论

比较单臂、半桥、全桥测量电路的灵敏度和非线性误差，得出相应的结论。

※ 实验四　直流全桥的应用——电子秤实验

一、实验目的

运用直流全桥进行电子秤称重，处理电路的标定。

二、实验设备

应变传感器实验模块、托盘、砝码、数显电压表、±15 V电源、±4 V电源、万用表。

三、实验原理

电子秤实验原理同实验三的全桥测量原理，通过调节放大电路对电桥输出的放大倍数使电路输出电压值为质量的对应值，电压量纲（V）改为质量量纲（g）即成一台比较原始的电子秤。

四、实验内容与步骤

（1）按实验三的步骤（1）、（2）、（3）接好线并将差动放大器调零。

（2）将 10 只砝码置于传感器的托盘上，调节电位器 R_{w3}（满量程时的增益），使数显电压表显示为 0.200 V（2 V挡测量）。

（3）拿去托盘上所有砝码，观察数显电压表是否显示为 0，若不为 0，再次将差动放大器和加托盘后电桥调零。

（4）重复步骤（2）、步骤（3），直到精确为止，把电压量纲（V）改为质量量纲（g）即可以称重。

（5）将砝码依次放到托盘上并读取相应的数显表数值，直到 200 g砝码加完，记下实验结果，填入表 2-4。

（6）去除砝码，托盘上加一个未知的重物（不要超过 1 kg），记录电压表的读数。根据实验数据，求出重物的质量。

表2-4　电子秤实验记录表

质量 /g										
电压 /V										

（7）根据表 2-4 计算系统灵敏度 S 和非线性误差 γ_L。

五、实验注意事项

加在应变传感器上的物体质量不应过大，以免造成应变传感器的损坏。

六、问题与讨论

如何进一步提高测量物体质量时的精度？

※ 实验五　交流全桥的应用——振动测量实验

一、实验目的

分析用交流全桥测量动态应变参数的原理与方法，运用交流全桥电路进行振动测量。

二、实验设备

振荡器、万用表（自备）、应变传感器实验模块、通信接口（包括采集卡及上位机软件）、振动源、三源板上的应变输出、应变输出专用连接线。

三、实验原理

将应变传感器实验模块电桥的直流电源 E 换成交流电源 $\dot{E}$，则构成一个交流全桥，其输出为

$$\dot{U} = \dot{E} \cdot \frac{\Delta R}{R} \tag{2-13}$$

式中：$\dfrac{\Delta R}{R}$——电阻相对变化。

用交流电桥测量交流应变信号时，桥路输出为一调制波。

四、实验内容与步骤

（1）不用模块上的应变电阻，改用振动梁上的应变片，通过导线连接到三源板上的"应变输出"。

（2）将台面三源板上的应变输出用连接线接到应变传感器实验模块的黑色插座上。

（3）根据应变传感器实验模块电路，接好交流电桥调平衡电路及系统，R_8，R_{w1}，C，R_{w2} 为交流电桥调平衡网络。检查接线无误后，合上主控台电源开关，将音频振荡器的频率调节到 1 kHz 左右，幅度峰–峰值 V_{p-p} 调节到 10 V（频率用频率 / 转速表检测，幅度用上位机检测）。

（4）调节 R_{w1}，R_{w2} 使上位机采集到一条过零点的直线。

（5）将低频振荡器输出接入振动台激励源插孔，调节低频输出幅度和频率使振动台（圆盘）有明显振动。

（6）低频振荡器幅度调节不变，改变低频振荡器输出信号的频率（用频率/转速表检测），用上位机检测频率改变时差动放大器输出调制波包络的电压峰–峰值，填入表2–5中。

表2-5　振动测量实验记录表

f/Hz									
V_{p-p}/V									

（7）根据表2–5的实验数据计算得出振动梁的共振频率。

五、实验注意事项

注意本实验不用应变模块上的传感器，需用专用的连接线将三源板上的应变输出和模块上的插孔连接起来。

六、问题与讨论

（1）在交流电桥测量中，对音频振荡器和被测梁振动频率之间有什么要求？

（2）请归纳直流电桥和交流电桥的特点。

※　实验六　扩散硅压阻式压力传感器的压力测量实验

一、实验目的

分析用扩散硅压阻式压力传感器测量压力的原理，运用其进行压力的测量。

二、实验设备

压力传感器实验模块、温度传感器实验模块、数显单元、+5 V 直流稳压电源、±15 V 直流稳压电源。

三、实验原理

在具有压阻效应的半导体材料上用扩散或离子注入法，形成 4 个阻值相等的电阻条，并将它们连接成惠斯通电桥，将电桥电源端和输出端引出，用制造集成电路的方法封装起来，制成扩散硅压阻式压力传感器。

敏感芯片没有外加压力作用时，内部电桥处于平衡状态，当传感器受压后芯片电阻发生变化，电桥将失去平衡，给电桥加一个恒定电压源，电桥将输出与压力对应的电压信号，这样传感器的电阻变化就可通过电桥转换成压力信号输出。

四、实验内容与步骤

（1）将扩散硅压力传感器 MPX10 安装在压力传感器实验模块上，将气室 1、气室 2 的活塞退到 20 mL 处，并按图 2-5 接好气路系统。其中 P_1 端为正压力输入、P_2 端为负压力输入。MPX10 有 4 个引出脚，1 脚接地、2 脚为 U_o+、3 脚接 +5 V 电源、4 脚为 U_o-、当压力传感器输入 $P_1 > P_2$ 时，输出为正；$P_1 < P_2$ 时，输出为负。

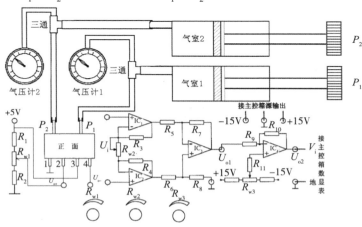

图 2-5　扩散硅压阻式压力传感器压力测量气路系统接线图

（2）检查气路系统，分别推进气室 1、气室 2 的两个活塞，对应的气压计有显示压力值并能保持不动。

（3）接入 +5 V、±15 V 直流稳压电源，模块输出端 U_{o2} 接控制台上的数显直流电压表，选择 20 V 挡，打开实验台总电源。

（4）调节 R_{w2} 到适当位置并保持不动，用导线将差动放大器的输入端 U_i 短路，然后调节 R_{w3} 使直流电压表 200 mV 挡显示为 0，取下短路导线。

（5）气室 1、气室 2 的两个活塞退回到刻度 "17" 的小孔后，使两个气室的压力相对大气压均为 0，气压计指在 "0" 刻度处，将 MPX10 的输出端接到差动放大器的输入端 U_i，调节 R_{w1} 使直流电压表 200 mV 挡显示为 0。

（6）保持负压力输入 P_2 压力 0 MPa 不变，增大正压力输入 P_1 的压力到 0.01 MPa，每隔 0.005 MPa 记下模块输出 U_{o2} 的电压值。直到 P_1 的压力达到 0.095 MPa，将数据填入表 2-6。

表2-6　压力测量实验记录表1

P_1/MPa														
U_{o2}/V														

（7）保持正压力输入 P_1 压力 0.095 MPa 不变，增大负压力输入 P_2 的压力到 0.01 MPa，每隔 0.005 MPa 记下模块输出 U_{o2} 的电压值。直到 P_2 的压力达到 0.095 MPa，将数据填入表 2-7。

表2-7　压力测量实验记录表2

P_2/MPa														
U_{o2}/V														

（8）保持负压力输入 P_2 压力 0.095 MPa 不变，减小正压力输入 P_1 的压力，每隔 0.005 MPa 记下模块输出 U_{o2} 的电压值。直到 P_1 的压力为 0 MPa，将数据填入表 2-8。

表2-8　压力测量实验记录表3

P_3/MPa														
U_{o2}/V														

（9）保持正压力输入 P_1 压力 0 MPa 不变，减小负压力输入 P_2 的压力，每隔 0.005 MPa 记下模块输出 U_{o2} 的电压值。直到 P_2 的压力为 0 MPa，将数据填入表 2-9。

表2-9　压力测量实验记录表4

P_4/MPa														
U_{o2}/V														

（10）根据实验记录的数据，确定压力传感器输入 P（P_1-P_2）- 输出 U_{o2} 曲线，并计算系统灵敏度 S 和非线性误差 γ_L。

五、实验注意事项

无。

六、问题与讨论

查阅资料，寻找扩散硅压阻式压力传感器的相关设备，比较其与本实验所用原理的异同。

项目二　电感式传感器实验

知识目标

1．能够说出电感式传感器的基本工作原理。
2．能够解释差动变压器、电涡流传感器的基本原理和测量方法。

能力目标

1．掌握差动变压器、电涡流传感器的性能分析方法。
2．会应用差动变压器、电涡流传感器测量相关物理量。

电感式传感器是利用电磁感应定律，通过线圈的自感和互感的变化来实现非电量测量的一种装置。其特点便是使用电感的物理特性，不直接接触被测物，便可测量位移、振动、压力、流量等信号。电感式传感器按工作原理分为自感式传感器、互感式传感器（差动变压器式传感器）和电涡流式传感器三种。

（1）将被测量的变化转换成自感的变化，并通过一定的转换电路转换成电压或电流输出的传感器称为自感传感器。按磁路几何参数变化形式的不同，自感式传感器可分为变气隙式、变截面积式和螺线管式三种。自感式传感器的灵敏度较好，输出信号比较大，信噪比较好，但也存在着测量范围比较小、存在非线性、消耗功率较大等缺点。

（2）把被测的非电量变化转换为线圈互感变化的传感器称为互感式传感器。因为这种传感器是根据变压器的基本原理制成的，并且其二次绕组都用差动形式连接，所以又叫差动变压器式传感器，简称差动变压器。在非电量测量中，应用最多的是螺线管式的差动变压器，它可以测量 $1 \sim 100$ mm 范围内的机械位移，并具有测量精度高、灵敏度高、结构简单、性能可靠等优点。

（3）根据电涡流效应制成的传感器称为电涡流式传感器。电涡流式传感器最大的特点是能对位移、厚度、表面温度、速度、应力、材料损伤等进行非接触式连续测量，另外还具有体积小、灵敏度高、频率响应宽等特点，应用极其广泛。

项目二中的实验主要围绕互感式传感器（差动变压器式传感器，简称差动变压器）和电涡流式传感器展开。

※ 实验一　差动变压器性能实验

一、实验目的

分析差动变压器性能实验电路的原理，运用实验差动变压器的性能进行分析。

二、实验设备

差动变压器实验模块、测微头、通信接口（含上位机软件）、差动变压器、信号源、直流电源。

三、实验原理

差动变压器由一个初级线圈和两个次级线圈及一个铁芯组成。铁芯连接被测物体，移动线圈中的铁芯，初级线圈和次级线圈之间的互感发生变化促使次级线圈的感应电动势发生变化，一个次级感应电动势增加，另一个感应电动势则减小，将两个次级线圈反向串接（同名端连接）引出差动输出。输出的变化反映了被测物体的移动量。

四、实验内容与步骤

（1）根据图 2-6 将差动变压器安装在差动变压器实验模块上。

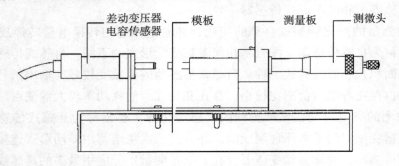

图 2-6　差动变压器性能实验安装示意图

（2）将传感器引线插头插入实验模块的插座中，音频信号由振荡器的"0°"处输出，打开主控台电源，调节音频信号输出的频率和幅度（用上位机检测），使输出信号频率为 4 ～ 5 kHz，幅度峰 – 峰 V_{p-p} 为 2 V，按图 2-7 接线（1，2 接音频信号，3，4 为差动变压器输出，接放大器输入端）。

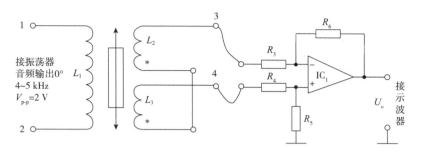

图 2-7　差动变压器性能实验电路连接图

（3）用上位机观测 U_o 的输出，旋动测微头，使上位机观测到的波形峰－峰值 V_{p-p} 最小，这时可以左右位移，假设其中一个方向为正位移，则另一个方向为负位移。从 V_{p-p} 最小开始旋动测微头，每隔 0.2 mm 从上位机上读出输出电压 V_{p-p} 值，填入表 2-10 中，再从 V_{p-p} 最小处反向位移做实验，在实验过程中，注意左、右位移时，初、次级波形的相位关系。

表2-10　差动变压器位移 X 值与输出电压 V_{p-p} 数据记录表

X/mm				0			
V_{p-p} /mV				V_{p-p} 最小			

（4）根据实验记录数据画出 X–V_{p-p} 曲线，并计算量程为 ±1 mm、±3 mm 时的灵敏度 S 和非线性误差 γ_L。

五、实验注意事项

实验过程中注意差动变压输出的最小值即为差动变压器的零点残余电压大小。

六、问题与讨论

试分析差动变压器与一般电源变压器的异同。

※ 实验二　差动变压器零点残余电压补偿实验

一、实验目的

分析并运用差动变压器零点残余电压补偿的方法。

二、实验设备

差动变压器实验模块、测微头、通信接口（含上位机软件）、差动变压器、信号源、直流电源。

三、实验原理

由于差动变压器两个次级线圈的等效参数不对称，初级线圈的纵向排列的不均匀性，次级线圈的不均匀性、不一致性，铁芯的 B-H 特性非线性等，因此在铁芯处于差动线圈中间位置时其输出并不为零，称其为零点残余电压。

四、实验内容与步骤

（1）安装好差动变压器，按照图 2-8 接线，振荡器音频信号从左侧接口输出。利用上位机观测并调整音频振荡器 "0°" 输出为 4 kHz，峰 – 峰值 V_{p-p} 为 2 V。实验模块 R_1，C_1，R_{w1}，R_{w2} 为电桥单元中调平衡网络。

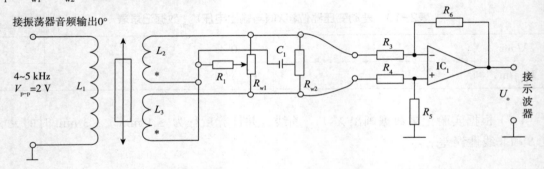

图 2-8　差动变压器零点残余电压补偿实验电路连接图

（2）用上位机检测放大器输出。

（3）调整测微头，使放大器输出信号最小。

（4）依次调整 R_{w1}，R_{w2}，使上位机显示的电压输出波形幅值降至最小。

（5）此时上位机显示的即为零点残余电压的波形。

（6）记下差动变压器的零点残余电压值峰 – 峰值（V_{p-p}）。（这时经放大后的零点残余电压等于 $V_{p-p}K$，K 为放大倍数）

（7）分析经过补偿的零点残余电压波形。

五、实验注意事项

无。

六、问题与讨论

经过补偿后的残余电压的波形是一不规则波形，这说明波形中有高频成分存在，试分析其原因。

※ 实验三 激励频率对差动变压器特性的影响实验

一、实验目的

掌握运用差动变压器测量振动的方法，并会分析激励频率对其特性的影响。

二、实验设备

差动变压器实验模块、测微头、通信接口（含上位机软件）、差动变压器、信号源、直流电源。

三、实验原理

差动变压器输出电压的有效值可以近似表示为

$$U_o = \frac{\omega(M_1 - M_2) \cdot U_i}{\sqrt{R_p^2 + \omega^2 L_p^2}} \qquad (2\text{--}14)$$

式中：L_p，R_p——初级线圈的电感和损耗电阻；

U_i，ω——激励信号的电压和频率；

M_1，M_2——初级与两次级线圈的互感系数。

由式 (2-14) 可以看出，当初级线圈激励频率太低时，$R_p^2 > \omega^2 L_p^2$，输出电压 U_o 受频率变动影响较大，且灵敏度较低；只有当 $\omega^2 L_p^2 >> L_p^2$ 时，输出电压 U_o 与 ω 无关。当然频率 ω 过高会使线圈寄生电容增大，影响系统的稳定性。

四、实验内容与步骤

（1）按照实验一的要求安装传感器和接线，检查接线无误后，开启主控台电源开关。

（2）选择音频信号的频率为 1 kHz，$V_{p\text{-}p} = 2$ V。（用上位机检测）。

（3）用上位机观测 U_o 输出波形，移动铁芯至中间位置即输出信号最小时的位置。固定测微头。

（4）旋动测微头，向左（或右）旋到离中心位置 1 mm 处，使 U_o 有较大的输出。

（5）分别改变激励频率从 1 ～ 9 kHz，幅值不变，频率由频率 / 转速表检测。将测试结果记入表 2-11 中。

表2-11　激励频率对差动变压器特性的影响实验数据记录表

f/kHz	1	2	3	4	5	6	7	8	9
U_o/V									

（6）根据表 2-11 数据作出幅频特性曲线，并找出谐振点。

五、实验注意事项

无。

六、问题与讨论

你认为频率特性对差动变压器的应用有什么意义？

※ 实验四　差动变压器的应用——振动测量实验

一、实验目的

分析用差动变压器测量振动的原理与方法，运用基于差动变压器的电路测量振动。

二、实验设备

振荡器、差动变压器实验模块、相敏检波模块、频率/转速表、振动源、直流稳压电源、通信接口（含上位机软件）。

三、实验原理

利用差动变压器测量动态参数与测量位移的原理相同，不同的是输出的调制信号要经过检波才能观测到所测动态参数。

四、实验内容与步骤

（1）将差动变压器按图 2-9 安装在三源板的振动源单元上。

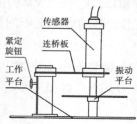

图 2-9　差动变压器振动测量实验安装示意图

（2）将差动变压器的输入输出线连接到差动变压器实验模块上，并按图 2-10 接线。

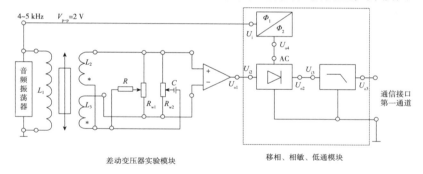

图 2-10　差动变压器振动测量实验电路连接图

（3）检查接线无误后，合上主控台电源开关，用上位机观测音频振荡器"0°"输出端信号峰-峰值，调整音频振荡器幅度旋钮使 $V_{p-p} = 2$ V。

（4）用上位机观测相敏检波器输出，调整传感器连接支架高度，使上位机显示的波形幅值最小。用紧定旋钮固定。

（5）仔细调节 R_{w1} 和 R_{w2} 使相敏检波器输出波形幅值更小，基本为 0。用手按住振动平台（让传感器产生一个大位移）仔细调节移相器和相敏检波器的旋钮，使上位机显示的波形为一个接近全波整流波形。松手，整流波形消失变为一条接近零点线。（否则再调节 R_{w1} 和 R_{w2}）

（6）振动源"低频输入"接振荡器"低频输出"，调节低频输出幅度旋钮和频率旋钮，使振动平台振荡较为明显。分别用上位机观测放大器 U_{o1}、相敏检波器 U_{o2} 及低通滤波器 U_{o3} 的波形。

（7）保持低频振荡器的幅度不变，改变振荡频率（频率与输出电压 V_{p-p} 的检测方法与实验二相同），用上位机观测低通滤波器的输出，读出峰-峰电压值，记下实验数据，填入表 2-12 中。

表2-12　差动变压器振动测量实验数据记录表

f/kHz								
V_{p-p}/V								

（8）根据实验结果作出梁的振幅-频率特性曲线，指出自振频率的大致值，并与用项目一中应变片测出的结果相比较。

（9）保持低频振荡器频率不变，改变振荡幅度，同样实验可得到振幅与电压峰-峰值 V_{p-p} 曲线（定性）。

五、实验注意事项

低频激振电压幅值不要过大，以免梁在共振频率附近振幅过大。

六、问题与讨论

试讨论利用差动变压器测量振动，在应用上有什么限制。

※ 实验五 电涡流式传感器的位移特性实验

一、实验目的

分析用电涡流式传感器测量位移的工作原理和特性，运用实验对其特性进行分析。

二、实验设备

电涡流式传感器、铁质金属圆盘、电涡流式传感器实验模块、测微头、直流稳压电源、数显直流电压表。

三、实验原理

通过高频电流的线圈产生磁场，当有导电体接近时，因导电体涡流效应产生涡流损耗，涡流损耗与导电体离线圈的距离有关，因此可以进行位移测量。

四、实验内容与步骤

（1）按图2-11安装电涡流式传感器。

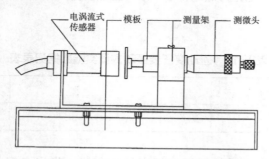

图2-11 电涡流式传感器安装示意图

（2）在测微头端部装上铁质金属圆盘，作为电涡流式传感器的被测体。调节测微头，使铁质金属圆盘的平面贴到电涡流式传感器的探测端，固定测微头。

（3）按图2-12连接传感器，将电涡流式传感器连接线接到模块上标有"〰〰"

的两端，实验模块输出端 U_o 与数显单元输入端 U_i 相接。数显表量程切换开关选择电压 20 V 挡，模块电源用连接导线从主控台接入 +15 V 电源。

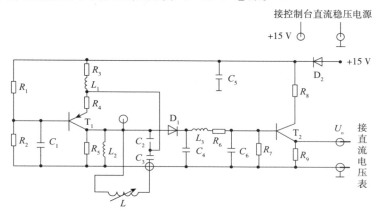

图 2-12　电涡流式传感器电路连接图

（4）合上主控台电源开关，记下数显表读数，然后每隔 0.2 mm 读一个数，直到输出几乎不变为止。将结果记入表 2-13 中。

表2-13　电涡流式传感器的位移特性实验记录表

X/mm									
U_o/V									

（5）根据表 2-13 中的数据，画出 U_o-X 曲线，根据曲线找出线性区域及进行正、负位移测量时的最佳工作点，并计算量程为 1 mm、3 mm 及 5 mm 时的灵敏度 S 和非线性误差 γ_L（可以用端点法或其他拟合直线）。

五、实验注意事项

测量之前电压表需要调零。

六、问题与讨论

（1）电涡流式传感器的量程与哪些因素有关？如果需要测量 ±5 mm 的量程应如何设计传感器？

（2）用电涡流式传感器进行非接触位移测量时，如何根据使用量程选用传感器？

※ 实验六　被测体材质、面积大小对电涡流式传感器的特性影响实验

一、实验目的

通过实验分析不同的被测体材料对电涡流式传感器特性的影响。

二、实验设备

电涡流式传感器、电涡流式传感器实验模块、直流稳压电源、数显直流电压表、测微头、铜质金属圆盘、铝质金属圆盘。

三、实验原理

涡流效应与金属导体本身的电阻率和磁导率有关，因此不同的材料就会有不同的性能。在实际应用中，被测体的材质、面积大小不同会导致被测体上涡流效应的不充分，会减弱甚至不产生涡流效应，进而影响电涡流式传感器的静态特性，所以在实际测量中，必须针对具体的被测体进行静态特性标定。

四、实验内容与步骤

（1）安装图及接线图与实验五相同。

（2）重复实验五的步骤，将铁质金属圆盘分别换成铜质金属圆盘和铝质金属圆盘。将实验数据分别记入表 2-14、表 2-15 中。

表2-14　电涡流式传感器的位移特性实验记录表（铜质被测体）

X/mm								
U_o/V								

表2-15　电涡流式传感器的位移特性实验记录表（铝质被测体）

X/mm								
U_o/V								

（3）重复实验五的步骤，将铝质被测体换成比上述铝质金属圆盘面积更小的圆盘，将实验数据记入表 2-16 中。

表2-16 电涡流式传感器的位移特性实验记录表（小直径的铝质被测体）

X/mm										
U_o/V										

（4）根据表2-14、表2-15和表2-16中数据分别计算量程为1 mm和3 mm时的灵敏度S和非线性误差γ_L。

五、实验注意事项

同实验五。

六、问题与讨论

查阅资料，试总结被测体材质、面积大小如何影响电涡流式传感器的特性。

※ 实验七 电涡流式传感器测量振动实验

一、实验目的

分析用电涡流式传感器测量振动的原理与方法，运用基于电涡流式传感器的电路测量振动。

二、实验设备

电涡流式传感器、振动源、低频振荡器、直流稳压电源、电涡流式传感器实验模块、通信接口（含上位机软件）、铁质圆片。

三、实验原理

根据电涡流式传感器的动态特性和位移特性，选择合适的工作点即可测量振幅。

四、实验内容与步骤

（1）将铁质圆片平放到振动平台台面的中心位置，根据图2-13安装电涡流式传感器，注意传感器端面与振动平台台面（铁材料）之间的安装距离即为线形区域（可利用实验五中铁材料的特性曲线找出）。

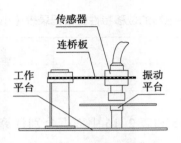

图 2-13　电涡流式传感器测量振动安装示意图

（2）将电涡流式传感器的连接线接到模块上标有"〰"的两端，模块电源用连接导线从主控台接入 +15 V 电源。实验模块输出端与通信接口的 CH1 相连。将振荡器的"低频输出"接到三源板的"低频输入"，"低频调频"调到最小位置，"低频调幅"调到最大位置，合上主控台电源开关。

（3）调节低频调频旋钮，使振动台有微小振动（不要达到共振状态）。从上位机观测实验模块的输出波形。（注意不要达到共振，共振时，幅度过大，振动面可能会与传感器接触，容易损坏传感器）

五、实验注意事项

无。

六、问题与讨论

有一个振动频率为 10 kHz 的被测体需要测其振动参数，你是选用压电式传感器还是电涡流式传感器或认为两者均可？

项目三　电容式传感器实验

知识目标

1. 能够说出电容式传感器的基本工作原理。
2. 能够解释电容式传感器的基本测量方法。

能力目标

1. 掌握电容式传感器的性能分析方法。
2. 会应用基于电容式传感器的电路测量相关物理量。

电容式传感器是以各种类型的电容器作为传感元件，将被测物理量或机械量转换成电容量的一种转换装置，实际上就是一个具有可变参数的电容器。电容式传感器广泛用于位移、角度、振动、速度、压力、成分分析、介质特性等方面的测量。

※ 实验一　电容式传感器的位移特性实验

一、实验目的

分析电容式传感器测量位移的工作原理和特性，运用实验对其特性进行分析。

二、实验设备

电容式传感器、电容式传感器实验模块、测微头、数显直流电压表、直流稳压电源、绝缘护套。

三、实验原理

电容式传感器是指能将被测物理量的变化转换为电容量变化的一种传感器，它实质上是一个可变电容器。由平板电容器原理可知，平板电容器的电容量可表示为

$$C = \frac{\varepsilon S}{d} = \frac{\varepsilon_0 \varepsilon_r S}{d} \tag{2-15}$$

式中：S——极板面积；

　　　d——极板间距离；

　　　ε_0——真空介电常数；

　　　ε_r——介质相对介电常数。

由式（2-15）可以看出，当被测物理量使 S，d 或 ε_r 发生变化时，电容量 C 随之发生改变，如果保持其中两个参数不变而仅改变另一个参数，就可以将该参数的变化单值地转换为电容量的变化。所以电容传感器可以分为三种类型：改变极板间距离的变间隙式电容传感器、改变极板面积的变面积式电容传感器和改变介电常数的变介电常数式电容传感器。这里采用变面积式电容传感器，如图 2-14 所示，两个平板电容器共享一个下极板，当下极板随被测物体移动时，两个电容器上、下极板的有效面积一个增大、一个减小，将三个极板用导线引出，形成差动电容输出。

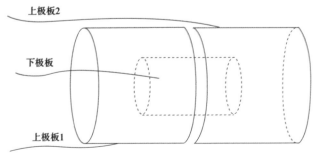

图 2-14　变面积式电容传感器结构示意图

四、实验内容与步骤

（1）按图 2-15 将电容式传感器安装在电容式传感器实验模块上，将传感器引线插入实验模块插座中。

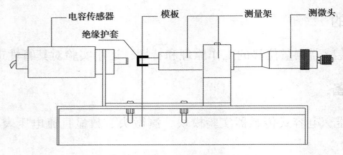

图 2-15　电容式传感器安装示意图

（2）将电容式传感器实验模块的输出端 U_o 接到数显直流电压表上。

（3）接入 ±15 V 电源，合上主控台电源开关，将电容式传感器调至中间位置，调节 R_w，使得数显直流电压表显示为 0（选择 2 V 挡）。（R_w 确定后不能改动）

（4）旋动测微头推进电容式传感器的共享极板（下极板），每隔 0.2 mm 记下位移量 X 与输出电压值 U_o，填入表 2-17 中。

表2-17　电容式传感器的位移特性实验记录表

X/mm										
U_o /V										

（5）根据表 2-17 计算电容式传感器的系统灵敏度 S 和非线性误差 γ_L。

五、实验注意事项

（1）传感器要轻拿轻放，绝不可掉到地上。

（2）做实验时，不要用手或其他物体接触传感器，否则将会使其线性特性变差。

六、问题与讨论

（1）查阅资料，简述什么是传感器的边缘效应，它会对传感器性能带来哪些不利影响。

（2）电容式传感器和电感式传感器相比，有哪些优缺点？

※ 实验二　电容式传感器动态特性实验

一、实验目的

分析和运用电容式传感器的动态性能的测量原理与方法。

二、实验设备

电容式传感器、电容式传感器实验模块、相敏检波模块、振荡器、频率 / 转速表、直流稳压电源、振动源、通信接口（含上位机软件）。

三、实验原理

同实验一。

四、实验内容与步骤

（1）传感器的安装如图 2-16 所示，传感器引线接入传感器实验模块，输出端 U_o 接相敏检波器模块低通滤波器的输入 U_i 端，低通滤波器输出 U_o 接通信接口 CH1。调节 R_w 到最大位置（顺时针旋到底），通过紧定旋钮使电容式传感器的动极板处于中间位置，U_o 输出为 0。

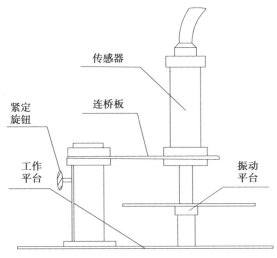

图 2-16　电容式传感器安装示意图

（2）主控台振荡器"低频输出"接到振动台的"激励源"，振动频率选"5 ～ 15 Hz"，振动幅度初始调到零。

（3）将主控台 ±15 V 的电源接入实验模块，检查接线无误后，打开主控台总电源，调节振动源激励信号的幅度，用通信接口 CH1 观察实验模块输出波形。

（4）保持振荡器低频输出的幅度不变，改变振动频率（用数显频率计检测），从上位机观测出 U_o 输出的峰–峰值。保持频率不变，改变振荡器低频输出的幅度，测量 U_o 输出的峰–峰值。

（5）分析差动电容式传感器测量振动的波形。

五、实验注意事项

同实验一。

六、问题与讨论

（1）为了进一步提高电容式传感器的灵敏度，本实验用的传感器可做何改进设计？

（2）根据实验所提供的电容式传感器尺寸，试计算其电容量 C 和移动 0.5 mm 时的变化量。

项目四　压电式传感器实验

知识目标

1. 能够说出压电效应及相关压电元件。
2. 能解释压电式传感器的工作原理。

能力目标

会应用压电式传感器测量相关物理量。

压电式传感器是一种基于压电效应的传感器，是一种自发电式和机电转换式传感器，它的敏感元件由压电材料制成。压电材料受力后表面产生电荷，此电荷经电荷放大器和测量电路放大和变换阻抗后就成为正比于所受外力的电量输出。压电式传感器用于测量力和能变换为电的非电物理量。它的优点是频带宽、灵敏度高、信噪比高、结构简单、工作可靠和质量轻等。缺点是某些压电材料需要防潮措施，而且输出的直流响应差，需要采用高输入阻抗电路或电荷放大器来克服这一缺陷。

※ 实验　压电式传感器振动实验

一、实验目的

分析压电式传感器测量振动的原理和方法，应用其测量振动。

二、实验设备

振动源、低频振荡器、直流稳压电源、压电式传感器实验模块、移相检波低通模块。

三、实验原理

压电式传感器由惯性质量块和压电陶瓷片等组成（观察实验用压电式加速度计结构），工作时传感器感受与试件相同频率的振动，质量块便有正比于加速度的交变力作用在压电陶瓷片上，由于压电效应，压电陶瓷片上产生正比于加速度的表面电荷。

四、实验内容与步骤

（1）将压电式传感器安装在振动梁的圆盘上。

（2）将振荡器的"低频输出"接到三源板的"低频输入"，并按图 2-17 接线，合上主控台电源开关，调节低频调幅到最大、低频调频到适当位置，使振动梁的振幅逐渐增大（直到共振）。

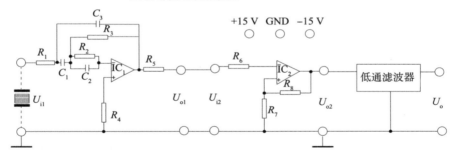

图 2-17　压电式传感器振动实验电路连接图

（3）将压电式传感器的输出端接到压电式传感器实验模块的输入端 U_{i1}，U_{o1} 接 U_{i2}，U_{o2} 接低通滤波器输入端 U_i，输出端 U_o 接通信接口 CH1。

（4）合上主控箱电源开关，调节低频振荡器的频率与幅度旋钮使振动台振动，用上位机观测压电式传感器的输出波形 U_o。

（5）改变低频输出信号的频率，观察输出波形变化，记录振动源不同振幅下压电传感器输出波形的频率和电压至表 2-18。

表2-18 压电式传感器振动实验记录表

f/Hz									
U_o /V									

（6）根据表2-18数据作出振动频率与输出电压的关系曲线。

五、实验注意事项

无。

六、问题与讨论

（1）试讨论影响压电式传感器测量精度的因素。

（2）压电式传感器存在于生活的每个角落，你能说出压电式传感器在日常生活中的应用吗？

项目五 磁敏式传感器实验

知识目标

1. 能够说出霍尔式传感器的工作原理。
2. 能够说出磁电式传感器的工作原理。

能力目标

1. 会运用实验对霍尔式传感器的性能进行分析。
2. 会应用霍尔式、磁电式传感器测量相关物理量。

磁敏式传感器是利用电磁感应原理将被测量（如振动、位移、转速等）转换成电信号的一种传感器。它不需要辅助电源就能把被测对象的机械量转换成易于测量的电信号，是有源传感器。由于它输出功率大且性能稳定，具有一定的工作带宽（10 ~ 1 000 Hz），适用于转速、振动、位移及扭矩等的测量，所以得到普遍应用。

磁敏式传感器的应用范围日益扩大，地位越来越重要，按其结构主要分为体型和结型两大类。前者的代表有霍尔式传感器，后者的代表有磁敏二极管、磁敏晶体管等。它们都是利用半导体材料内部的载流子随磁场改变运动方向这一特性而制成的磁传感器。另外还有利用电磁感应原理制成的磁电式传感器。

※ 实验一　直流激励时霍尔式传感器的位移特性实验

一、实验目的

基于霍尔式传感器的工作原理，运用实验分析其在直流激励时的位移特性。

二、实验设备

霍尔式传感器实验模块、霍尔式传感器、测微头、直流电源、数显电压表。

三、实验原理

将金属或半导体薄片置于磁场中，当有电流流过时，在垂直于磁场和电流的方向上将产生电动势，这种物理现象称为霍尔效应。具有这种效应的元件称为霍尔元件，根据霍尔效应，霍尔电动势为

$$U_H = K_H IB \tag{2-16}$$

式中：K_H——霍尔元件的灵敏度；

　　　I——流过霍尔元件的电流；

　　　B——霍尔元件所处环境的磁感应强度。

若保持霍尔元件的控制电流恒定，使霍尔元件在一个均匀梯度的磁场中沿水平方向移动，则输出的霍尔电动势为

$$U_H = kX \tag{2-17}$$

式中：k——霍尔式位移传感器的灵敏度；

　　　X——位移距离。

这样就可以用其来测量位移了。霍尔电动势的极性表示了元件的方向。磁场梯度越大，灵敏度越高；磁场梯度越均匀，输出线性度就越好。

四、实验内容与步骤

（1）如图 2-18 所示，将霍尔式传感器安装到霍尔式传感器实验模块上，传感器引线接到霍尔式传感器实验模块 9 芯航空插座上，并按图 2-19 接线。

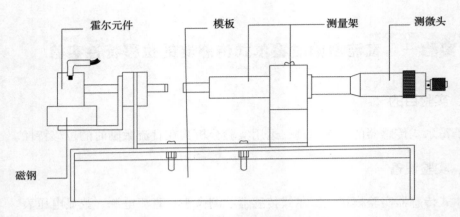

图 2-18　霍尔式传感器安装示意图

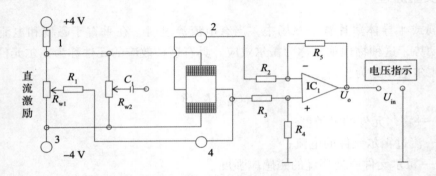

图 2-19　直流激励时霍尔式传感器位移实验接线图

（2）开启电源，直流数显电压表选择 2 V 挡，将测微头的起始位置调到 1 cm 处，手动调节测微头的位置，先使霍尔片大概在磁钢的中间位置（数显表大致为 0），固定测微头，再调节 R_{w1} 使数显表显示为 0。

（3）分别向左、右不同方向旋动测微头，每隔 0.2 mm 记下一个读数，直到读数近似不变，将读数填入表 2-19 中。

表2-19　直流激励时霍尔式传感器的位移特性实验记录表

X/mm											
U_o/V											

（4）作出 U_o–X 曲线，计算不同线性范围时的灵敏度 S 和非线性误差 γ_L。

五、实验注意事项

（1）对传感器要轻拿轻放，绝不可掉到地上。

（2）不要将霍尔式传感器的激励电压错接成 ±15V，否则将可能烧毁霍尔元件。

六、问题与讨论

本实验中霍尔元件位移的线性度实际上反映的是什么量的变化？

※ 实验二　交流激励时霍尔式传感器的位移特性实验

一、实验目的

基于霍尔式传感器的工作原理，运用实验分析其在交流激励时的位移特性。

二、实验设备

霍尔式传感器实验模块、霍尔式传感器、测微头、直流电源、数显电压表。

三、实验原理

交流激励时霍尔式传感器基本工作原理与实验一中直流激励时一样，不同之处是测量电路。

四、实验内容与步骤

（1）按照实验一中图 2-19 将霍尔式传感器安装到霍尔式传感器实验模块上，并按图 2-20 接线。

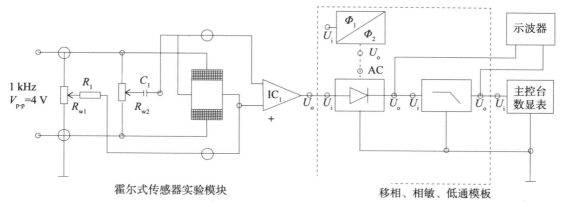

图 2-20　交流激励时霍尔式传感器位移实验接线图

（2）调节音频振荡器频率和幅度旋扭，从输出端用示波器测量，使输出为 1 kHz、峰–峰值为 4 V，引入电路中（激励电压从音频输出端输出频率 1 kHz，幅值为峰–峰值 4 V）。

（3）调节测微头使霍尔式传感器处于磁钢中点，先用示波器观察使霍尔元件不等位电势最小，然后从数显表上观察，调节电位器 R_{w1}，R_{w2} 使显示为 0。

（4）调节测微头使霍尔式传感器产生一个较大位移，利用示波器观察相敏检波器输出，旋转移相单元电位器 R_{w1} 和相敏检波电位器 R_{w2}，使示波器显示全波整流波形，且数显表显示相对值。

（5）使数显表显示为 0，然后旋动测微头记下每转动 0.2 mm 时的读数，直到读数近似不变，填入表 2-20。

表2-20　交流激励时霍尔式传感器的位移特性实验记录表

X/mm								
U_{o} /V								

（6）作出 U_{o}-X 曲线，计算不同线性范围时的灵敏度 S 和非线性误差 γ_{L}。

五、实验注意事项

注意激励电压过大会烧坏霍尔元件。

六、问题与讨论

结合实验并查阅资料，试分析利用霍尔元件测量位移时，使用上有何限制。

※　实验三　霍尔测速实验

一、实验目的

应用霍尔组件进行转速测量。

二、实验设备

霍尔式传感器、+5 V 直流电源、2 ～ 24 V 直流电源、转动源、频率 / 转速表。

三、实验原理

根据霍尔效应表达式 $U_H = K_H I B$，当 $K_H I$ 不变时，在转速圆盘上装上 N 个磁性体，并在磁钢上方安装一霍尔元件。圆盘每转一周经过霍尔元件表面的磁场从无到有就变化了 N 次，霍尔电动势也相应变化了 N 次，此电动势通过放大、整形和计数电路就可以测量被测旋转体的转速 $\left(n = \dfrac{60 \times f}{N}，\text{式中}n\text{为转速}，f\text{为频率} \right)$。

四、实验内容与步骤

（1）根据图 2-21，将霍尔式转速传感器装于转动源的传感器调节支架上，探头对准转盘内的磁钢。

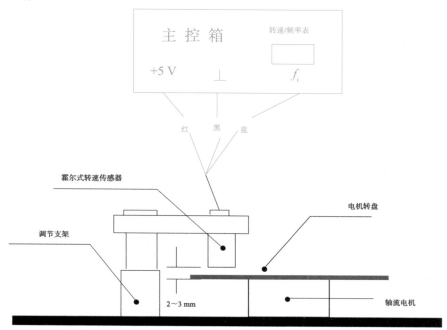

图 2-21 霍尔式转速传感器安装示意图

（2）将主控箱上 +5 V 直流电源加于霍尔式转速传感器的电源输入端。

（3）将霍尔式转速传感器输出端插入数显单元 f_i 端，转速 / 频率表置于转速挡。

（4）将主控台上的 +2 V ～ +24 V 可调直流电源接入转动电机的"+2 V ～ +24 V"输入插口（2000 型）。

（5）合上主控台电源，调节 2 ～ 24 V 输出，可以观察到转动源转速的变化（也可通过通信接口第一通道 CH1，用上位机观测霍尔组件输出的脉冲波形）。

（6）分析霍尔组件产生脉冲的原理，并根据记录的驱动电压和转速，作 U-n 曲线。

五、实验注意事项

+5 V 直流电源加于霍尔式转速传感器时不要接反和接错。

六、问题与讨论

利用霍尔元件测转速，在测量上是否有限制？

※ 实验四　霍尔式传感器振动测量实验

一、实验目的

应用霍尔式传感器进行振动测量。

二、实验设备

霍尔式传感器实验模块、霍尔式传感器、振动源、直流稳压电源、通信接口。

三、实验原理

这里采用直流电源激励霍尔组件，原理参照实验一。

四、实验内容与步骤

（1）将霍尔式传感器按图 2-22 安装在振动台上。传感器引线接到霍尔式传感器实验模块 9 芯航空插座上，并按图 2-23 接线。打开主控台电源。

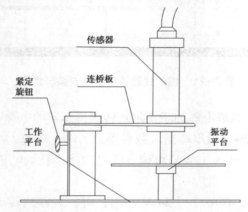

图 2-22　霍尔式传感器安装示意图

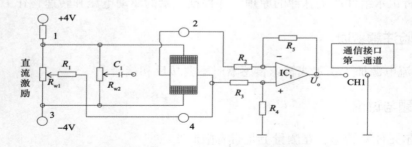

图 2-23　霍尔式传感器振动测量连接电路图

（2）先将传感器固定在传感器支架的连桥板上，调节紧定旋钮和微动升降旋钮使霍尔式传感器大致处于磁芯的中间位置，调节 R_{w1} 使输出 U_o 为 0；调节低频调幅旋钮到中间位置，调节低频调频旋钮使低频输出为 5 Hz，将实验台上的"低频输出"接到三源板的"激振源输入"，使振动梁振动。

（3）通过通信接口第一通道 CH1 用上位机观测其输出波形。可调节低频调幅和低频调频旋钮，观测振动源在不同振幅和频率的波形。改变振动频率（用数显频率计检测），记录测量输出 U_o，填入表 2-21。

表2-21　霍尔式传感器振动测量实验记录表

f/Hz									
U_o /V									

4. 分析霍尔式传感器测量振动的波形，作 f–U_o 曲线，找出振动源的固有频率。

五、实验注意事项

避免在"低频调幅"最大的时候使振动台达到共振，共振频率在 13 Hz 左右，以免损坏传感器。

六、问题与讨论

考虑用交流电源激励霍尔组件时，输出应是什么波形？

※ 实验五　磁电式传感器的测速实验

一、实验目的

分析磁电式传感器的工作原理和特性，运用磁电式传感器测速。

二、实验设备

转动源、磁电感应式传感器、2 ～ 24 V 直流电源、频率 / 转速表、通信接口（含上位机软件）。

三、实验原理

磁电感应式传感器是以电磁感应原理为基础，根据电磁感应定律，线圈两端的感应电动势 E 正比于线圈所包围的磁通量对时间的变化率，即

$$E = -W\frac{\mathrm{d}\Phi}{\mathrm{d}t} \tag{2-18}$$

式中：W——线圈匝数；

Φ——线圈所包围的磁通量。

若线圈相对磁场运动速度为 v 或角速度为 ω，则上式可改为

$$E = -WBlv \tag{2-19}$$

或

$$E = -WBS\omega \tag{2-20}$$

式中：l——每匝线圈的平均长度；

B——线圈所在磁场的磁感应强度；

S——每匝线圈的平均截面积。

四、实验内容与步骤

（1）按图 2-24 安装磁电感应式传感器。传感器底部距离转动源 4～5 mm（目测），"转动电源"接到 2～24 V 直流电源输出端。磁电感应式传感器的两根输出线接到频率/转速表。

（2）调节 2～24 V 电压调节旋钮，改变转动源的转速，通过通信接口 CH1 通道用上位机观测其输出波形。

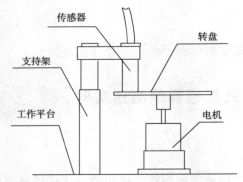

图 2-24　磁电感应式传感器的测速安装示意图

（3）分析磁电式传感器测量转速原理，并根据记录的驱动电压和转速作 U-n 曲线。

五、实验注意事项

直流电源输出接线要注意正负极，否则会烧坏电机。

六、问题与讨论

为什么说磁电式转速传感器不能测很低速的转速，能说明理由吗？

※ 实验六　转速控制实验

一、实验目的

基于霍尔式传感器的原理，用计算机检测系统进行转速控制。

二、实验设备

智能调节仪、转动源。

三、实验原理

利用霍尔式传感器检测到的转速频率信号经 f/V 转换后作为转速的反馈信号，该反馈信号与智能调节仪的转速设定比较后进行数字 PID 运算，调节电压驱动器改变直流电机电枢电压，使电机的转速逐渐趋近设定转速（设定值为 1 500 ～ 2 500 r/min）。转速控制原理框图如图 2-25 所示。

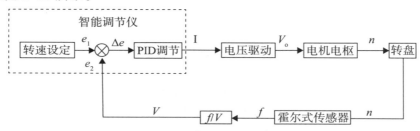

图 2-25　转速控制原理框图

四、实验内容与步骤

（1）选择智能调节仪的控制对象为转速，并按图 2-26 接线。开启控制台总电源，打开智能调节仪电源开关。调节 2 ～ 24 V 使输出达到最大位置。

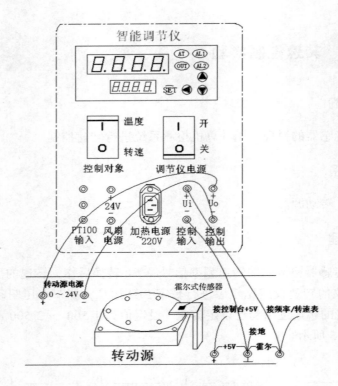

图 2-26 转速控制仪表连接示意图

（2）按住"SET"键 3 s 以下，进入智能调节仪 A 菜单，仪表靠上的窗口显示"SU"，靠下窗口显示待设置的设定值。当 LOCK 等于 0 或 1 时使能，设置转速的设定值，按"◀"键可改变小数点位置，按"▲"或"▼"键可修改靠下窗口的设定值（参考值 1 500 ～ 2 500）。否则提示"LCK"，即表示已加锁。再按"SET"键 3 s 以下，回到初始状态。

（3）按住"SET"键 3 s 以上，进入智能调节仪 B 菜单，靠上窗口显示"dAH"，靠下窗口显示待设置的上限报警值。按"◀"键可改变小数点位置，按"▲"或"▼"键可修改靠下窗口的上限报警值（参考值 5 000）。上限报警时仪表右上"AL1"指示灯亮。

（4）继续按"SET"键 3 s 以下，靠上窗口显示"ATU"，靠下窗口显示待设置的自整定开关，控制转速时无效。

（5）继续按"SET"键 3 s 以下，靠上窗口显示"P"，靠下窗口显示待设置的比例参数值，按"◀"键可改变小数点位置，按"▲"或"▼"键可修改靠下窗口的比例参数值。

（6）继续按"SET"键 3 s 以下，靠上窗口显示"I"，靠下窗口显示待设置的积分参数值，按"◀"键可改变小数点位置，按"▲"或"▼"键可修改靠下窗口的积分参数值。

（7）继续按"SET"键 3 s 以下，靠上窗口显示"LCK"，靠下窗口显示待设置的锁定开关，按 "▲" 或 "▼" 键可修改靠下窗口的锁定开关状态值，"0" 允许 A，B 菜单，"1" 只允许 A 菜单，"2" 禁止所有菜单。继续按 "SET" 键 3 s 以下，回到初始状态。

（8）经过一段时间（20 min 左右）后，转动源的转速可控制在设定值，控制精度为 ±2%。

五、实验注意事项

可根据自己的理解设定 P，I 相关参数，并观察转速控制效果。

六、问题与讨论

试根据自动控制原理相关知识写出此实验的传递函数。

项目六　光电式传感器实验

知识目标

1. 能够说出光电式传感器的工作原理。
2. 能够说出光纤传感器的工作原理。

能力目标

1. 会运用实验对光纤传感器的性能进行分析。
2. 会应用光电式传感器、光纤传感器进行物理量的测量。

光电式传感器是基于光电效应将光信号转换为电信号的一种器件。光电效应是指光照射在某些物质上时，物质的电子吸收光子的能量而发生的相应的电效应现象。光电式传感器的基本原理是以光电效应为基础，把被测量的变化转换成光信号的变化，然后借助光电元件进一步将非电信号转换成电信号。

光纤传感器属于光电式传感器，是一种将被测对象的状态转变为可测的光信号的传感器。其工作原理是将光源入射的光束经由光纤送入调制器，在调制器内与外界被测参数相互作用，使光的光学性质，如光的强度、波长、频率、相位、偏振态等发生变化，成为被调制的光信号，再经过光纤送入光电器件，经解调后获得被测参数。

※ 实验一　光纤传感器位移特性实验

一、实验目的

分析光纤传感器测量位移的工作原理和特性，运用实验对其特性进行分析。

二、实验设备

光纤位移传感器实验模块、Y 型光纤传感器、测微头、反射面、直流电源、数显电压表。

三、实验原理

反射式光纤位移传感器是一种传输型光纤传感器，其光纤采用 Y 型结构，两束光纤一端合并在一起组成光纤探头，另一端分为两支，分别作为光源光纤和接收光纤。光从光源耦合到光源光纤，通过光纤传输，射向反射面，再被反射到接收光纤，最后由光电转换器接收，转换器接收到的光强与反射面的性质及反射面到光纤探头的距离有关。当反射面位置确定后，接收到的反射光光强随光纤探头到反射面的距离的变化而变化。显然，当光纤探头紧贴反射面时，接收到的光强为零。随着光纤探头与反射面距离的增加，接收到的光强逐渐增加，到达最大值点后又随两者的距离增加而减小。反射式光纤位移传感器是一种非接触式传感器，具有探头小、响应速度快，测量线性化（在小位移范围内）等优点，可在小位移范围内进行高速位移检测。

四、实验内容与步骤

（1）如图 2-27 所示，将 Y 型光纤安装在光纤传感器位移传感器实验模块上。探头对准镀铬反射板，调节光纤探头端面与反射面平行，距离适中；固定测微头。接通电源预热数分钟。

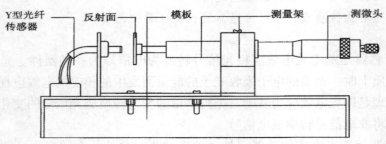

图 2-27 Y 型光纤传感器安装示意图

（2）将测微头起始位置调到 14 cm 处，手动使反射面与光纤探头端面紧密接触，固定测微头。

（3）将实验模块输出端 U_o 与数显单元相连，实验模块接入 ±15 V 电源。

（4）合上主控箱电源开关，调节 R_{w2} 使数字电压表显示为 0。

（5）旋动测微器，使反射面与光纤探头端面距离增大，每隔 0.1 mm 读出一次输出电压 U_o 值，填入表 2-22。

表2-22　光纤传感器位移特性实验记录表

X/mm								
U_o/V								

（6）根据所得的实验数据，确定光纤位移传感器大致的线性范围，并计算出其灵敏度 S 和非线性误差 γ_L。

五、实验注意事项

（1）确保反射面与光纤探头端面紧密接触。

（2）旋动测微器时电压变化范围从最小到最大再到最小必须记录完整。

（3）光纤请勿成锐角弯折，以免造成内部断裂，尤其要注意保护端面，否则会使光通量损耗加大造成灵敏度下降。

六、问题与讨论

用光纤位移传感器测量位移时，对被测体的表面有什么要求？

※ 实验二　光纤传感器的测速实验

一、实验目的

应用光纤位移传感器对转速进行测量。

二、实验设备

光纤位移传感器模块、Y 型光纤传感器、直流稳压电源、数显直流电压表、频率 / 转速表、转动源、通信接口（含上位机软件）。

三、实验原理

利用光纤位移传感器实验探头对旋转被测物反射光的明显变化产生电脉冲，经电路处理即可测量转速。

四、实验内容与步骤

（1）将 Y 型光纤传感器安装在传感器升降架上，如图 2-30 所示，使光纤探头对准转盘边缘的反射点，探头距离反射点 1 mm 左右（在光纤传感器的线性区域内）。

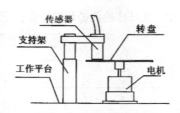

图 2-28　Y 型光纤传感器的测速安装示意图

（2）用手拨动转盘，使探头避开反射面（避免产生暗电流），将电压放大器的输出端接到直流电压表输入端。调节调零电位器使直流电压表显示为 0。（调零电位器确定后不能改动）

（3）将电压放大器输出端接到频率 / 转速表的输入端。

（4）打开直流电源开关，将 0 ～ 24 V 可调直流稳压电源分别接至"转动源输入"和"直流电压表"，改变电压，可以观察到转动源转速的变化，待转速稳定后记录相应的转速（稳定时间约 1 min）。也可用示波器观测电压放大器输出的波形，并将数据填入表2-23 中。

表2-23　光纤传感器的测速实验记录表

驱动电压 /V								
转速 n /(r·min^{-1})								

五、实验注意事项

光纤请勿成锐角弯折，以免造成内部断裂，尤其要注意保护端面，否则会使光通量损耗加大造成灵敏度下降。

六、问题与讨论

思考光纤传感器的特点，本实验测速误差有哪些？

※ 实验三　光纤传感器测量振动实验

一、实验目的

应用光纤位移传感器对振动进行测量。

二、实验设备

光纤位移传感器、光纤位移传感器实验模块、振动源、低频振荡器、通信接口（含上位机软件）。

三、实验原理

利用光纤位移传感器的位移特性和其较高的频率响应，用合适的测量电路即可测量振动。

四、实验内容与步骤

（1）光纤位移传感器安装如图 2-29 所示，光纤探头对准振动平台的反射面，并避开振动平台中间孔。

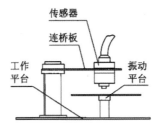

传感器

连桥板

工作平台

振动平台

图 2-29 光纤位移传感器测量振动实验安装示意图

（2）根据实验二的结果，找出线性段的中点，通过调节安装支架高度将光纤探头与振动平台台面的距离调整在线性段中点（目测）。

（3）将光纤位移传感器的另一端的两根光纤插到光纤位移传感器实验模块上（参考实验一中图 2-27），接好模块 ±15 V 电源，模块输出端接到通信接口 CH1。振荡器的"低频输出"接到三源板的"低频输入"，并把低频调幅旋钮转到最大位置，低频调频旋钮转到最小位置。

（4）合上主控台电源开关，逐步调大低频输出的频率，使振动平台发生振动，注意不要调到共振频率，以免振动梁发生共振，碰坏光纤探头，通过通信接口 CH1 用上位机观测输出波形，并记下幅值和频率。

五、实验注意事项

同实验二。

六、问题与讨论

查阅资料，试列举哪些设备是基于此实验原理设计的。

※ 实验四　光电式转速传感器的转速测量实验

一、实验目的

分析光电式转速传感器测量转速的原理，应用光电式转速传感器进行转速测量。

二、实验设备

转动源、光电式转速传感器、直流稳压电源、频率／转速表、通信接口（含上位机软件）。

三、实验原理

光电式转速传感器有反射型和透射型两种，本实验装置是透射型的，传感器端部有发光管和光电管，发光管发出的光源通过转盘上的孔透射到光电管上，并转换成电信号，由于转盘上有等间距的 6 个透射孔，转动时将获得与转速及透射孔数有关的脉冲，将电脉冲计数处理即可得到转速值。

四、实验内容与步骤

（1）将光电式转速传感器安装在转动源上，如图 2-30 所示。2 ～ 24 V 电压输出端接到三源板上的转动电源输入端，并将 2 ～ 24 V 输出调节到最小，+5 V 电源接到三源板上光电输出的电源端，光电输出接到频率／转速表上。

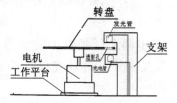

图 2-30　光电式转速传感器的转速测量实验示意图

（2）合上主控台电源开关，逐渐增大 2 ～ 24 V 电压输出，使转动源转速加快，观察频率／转速表，同时可通过通信接口 CH1 用上位机观测光电式转速传感器的输出波形。

（3）根据测得的驱动电压和转速，作出 U-n 曲线，并与其他传感器测得的曲线比较。

五、实验注意事项

无。

六、问题与讨论

光电式转速传感器的 $U\text{-}n$ 曲线特性与其他测速传感器有什么差异。

项目七　热电式传感器实验

◇ 知识目标

1. 能够说出热电阻、热电偶等热电式传感器的测温原理。
2. 能够区分常见的不同热电式传感器的性能与应用特点。

◇ 能力目标

1. 会运用常见的热电式传感器进行电路组装或连接相关仪表。
2. 会应用常见的热电式传感器进行温度读取与计算。

　　热电式传感器是将温度变化转换为电量变化的装置。它是利用某些材料或元件的性能随温度变化的特性来进行测量的。例如，将温度变化转换为电阻、热电动势、热膨胀、磁导率等的变化，再通过适当的测量电路达到检测温度的目的。把温度变化转换为电动势的热电式传感器称为热电偶；把温度变化转换为电阻值的热电式传感器称为热电阻。

　　热电偶是利用热电效应制成的温度传感器。所谓热电效应，就是两种不同材料的导体或半导体组成一个闭合回路，当两个接点温度不同时，在该回路中产生电动势的现象。两个接点，一个为工作端或热端，测温时将它置于被测温度场中；另一个为自由端或冷端，一般要求它恒定在某一温度。

　　热电阻传感器是利用导体的电阻值随温度变化而变化的原理进行测温的。热电阻广泛用来测量 –200 ～ 850 ℃范围内的温度，少数情况下，低温可测量至 –272.15℃，高温达 1 000 ℃。标准铂电阻温度计的精确度高，是复现国际温标的标准仪器。

※ 实验一　PT100 温度控制实验

一、实验目的

分析 PID 智能模糊 + 位式调节温度的控制原理，并能运用其进行温度控制。

二、实验设备

智能调节仪、PT100、温度加热源。

三、实验原理

（一）位式调节

位式调节（ON/OFF）是一种简单的调节方式，常用于一些对控制精度要求不高的场合，或用于报警。位式调节仪表用于温度控制时，通常利用仪表内部的继电器控制外部的中间继电器，再通过交流接触器来控制电热丝的通断达到控制温度的目的。

（二）PID 智能模糊调节

PID 智能温度调节器采用人工智能调节方式，是采用模糊规则进行 PID 调节的一种先进的新型人工智能算法，能实现高精度控制，先进的自整定（AT）功能使得其无须设置控制参数。在误差大时，运用模糊算法进行调节，以消除 PID 积分饱和现象，当误差趋小时，采用 PID 算法进行调节，并能在调节中自动学习和记忆被控对象的部分特征以使效果最优化，具有无超调、高精度、参数确定简单等特点。

（三）温度控制基本原理

由于温度具有滞后性，加热源为一滞后时间较长的系统。本实验宜采用 PID 智能模糊＋位式双重调节控制温度。用报警方式控制风扇开启与关闭，使加热源在尽可能短的时间内控制在某一温度值上，并能在实验结束后通过参数设置将加热源温度快速冷却下来，可节约实验时间。

当温度源的温度发生变化时，温度源中的热电阻 PT100 的阻值发生变化，将电阻变化量作为温度的反馈信号传输给 PID 智能温度调节器，经调节器的电阻－电压转换后与温度设定值比较，再进行数字 PID 运算输出可控硅触发信号（加热）和继电器触发信号（冷却），使温度源的温度趋近温度设定值。

四、实验内容与步骤

（1）在控制台上的智能调节仪单元中"控制对象"选择"温度"，并按图 2-31 接线。

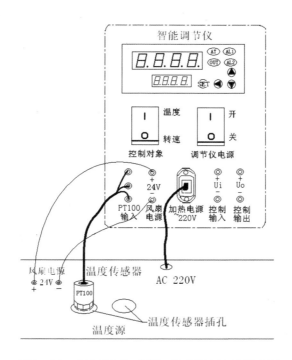

图 2-31　PT100 传感器与实验仪器连接示意图

（2）将 2～24 V 输出调节到最大位置，打开调节仪电源。

（3）按住"SET"键 3 s 以下，进入智能调节仪 A 菜单，仪表靠上的窗口显示"SU"，靠下窗口显示待设置的设定值。当 LOCK 等于 0 或 1 时使能，设置温度的设定值，按"◀"键可改变小数点位置，按"▲"或"▼"键可修改靠下窗口的设定值。否则提示"LCK"，即表示已加锁。再按"SET"键 3 s 以下，回到初始状态。

（4）按住"SET"键 3 s 以上，进入智能调节仪 B 菜单，靠上窗口显示"dAH"，靠下窗口显示待设置的上限偏差报警值。按"◀"键可改变小数点位置，按"▲"或"▼"键可修改靠下窗口的上限报警值（参考值 0.5）。上限报警时仪表右上"AL1"指示灯亮。

（5）继续按"SET"键 3 s 以下，靠上窗口显示"ATU"，靠下窗口显示待设置的自整定开关，按"▲"或"▼"键设置，"0"自整定关，"1"自整定开，开时仪表右上"AT"指示灯亮。

（6）继续按"SET"键 3 s 以下，靠上窗口显示"dP"，靠下窗口显示待设置的仪表小数点位数，按"◀"键可改变小数点位置，按"▲"或"▼"键可修改靠下窗口的比例参数值（参考值 1）。

（7）继续按"SET"键 3 s 以下，靠上窗口显示"P"，靠下窗口显示待设置的比例参数值，按"◀"键可改变小数点位置，按"▲"或"▼"键可修改靠下窗口的比例参数值。

（8）继续按"SET"键 3 s 以下，靠上窗口显示"I"，靠下窗口显示待设置的积分参数值，按"◀"键可改变小数点位置，按"▲"或"▼"键可修改靠下窗口的积分参数值。

（9）继续按"**SET**"键 3 s 以下，靠上窗口显示"d"，靠下窗口显示待设置的微分参数值，按"**◀**"键可改变小数点位置，按"**▲**"或"**▼**"键可修改靠下窗口的微分参数值。

（10）继续按"**SET**"键 3 s 以下，靠上窗口显示"T"，靠下窗口显示待设置的输出周期参数值，按"**◀**"键可改变小数点位置，按"**▲**"或"**▼**"键可修改靠下窗口的输出周期参数值。

（11）继续按"**SET**"键 3 s 以下，靠上窗口显示"SC"，靠下窗口显示待设置的测量显示误差修正参数值，按"**◀**"键可改变小数点位置，按"**▲**"或"**▼**"键可修改靠下窗口的测量显示误差修正参数值（参考值 0）。

（12）继续按"**SET**"键 3 s 以下，靠上窗口显示"UP"，靠下窗口显示待设置的功率限制参数值，按"**◀**"键可改变小数点位置，按"**▲**"或"**▼**"键可修改靠下窗口的功率限制参数值（参考值 100%）。

（13）继续按"**SET**"键 3 s 以下，靠上窗口显示"LCK"，靠下窗口显示待设置的锁定开关，按"**▲**"或"**▼**"键可修改靠下窗口的锁定开关状态值，"0"允许 A，B 菜单，"1"只允许 A 菜单，"2"禁止所有菜单。继续按"**SET**"键 3 s 以下，回到初始状态。

（14）设置不同的温度设定值，并根据控制理论来修改不同的 P，I，D，T 参数，观察温度控制的效果。

五、实验注意事项

无。

六、问题与讨论

试分析 P，I，D 三个参数在温度控制时所起的作用。

※ 实验二　集成温度传感器的温度特性实验

一、实验目的

分析常用的集成温度传感器（AD590）的基本原理、性能特点，运用相关实验分析其温度特性。

二、实验设备

智能调节仪、PT100、AD590、温度源、温度传感器实验模块。

三、实验原理

集成温度传感器 AD590 是把温敏器件、偏置电路、放大电路及线性化电路集成在同一芯片上的温度传感器。其优点是使用方便、外围电路简单、性能稳定可靠；缺点是测温范围较小、使用环境有一定的限制。AD590 能直接给出正比于绝对温度的理想线性输出，在一定温度下，相当于一个恒流源，一般用于 −50 ～ +150 ℃之间温度的测量。温敏晶体管的集电极电流恒定时，晶体管的基极 – 发射极电压与温度呈线性关系。为克服温敏晶体管 U_b 电压产生时的离散性，均采用了特殊的差分电路。

本实验宜采用电流输出型集成温度传感器 AD590，在一定温度下，它相当于一个恒流源。因此不易受接触电阻、引线电阻、电压噪声的干扰，具有很好的线性特性。AD590 的灵敏度（标定系数）为 1 A/K，只需要一种 +4 ～ +30 V 电源（本实验宜用 +5 V），即可实现温度到电流的线性变换，然后在终端使用一个取样电阻（本实验中为传感器调理电路单元中 R_6）即可实现电流到电压的转换，使用十分方便。电流输出型比电压输出型的测量精度更高。

四、实验内容与步骤

（1）重复项目七实验一，将温度控制在 50 ℃，如图 2-31 所示在另一个温度传感器插孔中插入集成温度传感器 AD590。

（2）将 ±15 V 直流稳压电源接至温度传感器实验模块。温度传感器实验模块的输出 U_{o2} 接主控台直流电压表。

（3）将温度传感器实验模块上差动放大器的输入端 U_i 短接，调节电位器 R_{w4} 使直流电压表显示为 0。

（4）拿掉短路线，按图 2-32 接线，并将 AD590 两端引线按插头颜色（一端红色，一端蓝色）插入温度传感器实验模块中（红色对应 a、蓝色对应 b）。

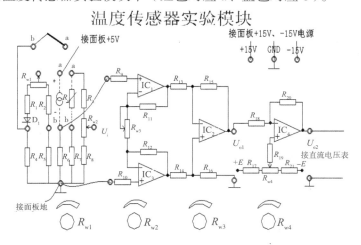

图 2-32　集成温度传感器 AD590 实验电路连接图

（5）将 R_6 两端接到差动放大器的输入端 U_i，记下模块输出 U_{o2} 的电压值。

（6）改变温度源的温度，每隔 5 ℃记下 U_{o2} 的输出值，直到温度升至 120 ℃，并将实验结果填入表 2-24 中。

表2-24　集成温度传感器的温度特性实验记录表

$T/℃$							
U_{o2}/V							

（7）由表 2-24 中记录的数据计算在此范围内集成温度传感器的非线性误差 γ_L。

五、实验注意事项

AD590 两端引线插头不要接反。

六、问题与讨论

试根据实验数据分析此传感器的迟滞性。

※ 实验三　铂电阻温度特性实验

一、实验目的

分析铂热电阻测温的基本原理，运用实验对其特性进行分析。

二、实验设备

智能调节仪、PT100（2 只）、温度源、温度传感器实验模块。

三、实验原理

利用导体电阻随温度变化的特性，热电阻用于测量时，要求其材料电阻温度系数大，稳定性好，电阻率高，电阻与温度之间最好有线性关系。当温度变化时，感温元件的电阻值随温度的变化而变化，这样就可将电阻值的变化通过测量电路转换成电信号的变化，即可得到被测温度。

四、实验内容与步骤

（1）重复项目七实验一，将温度控制在 50 ℃，如图 2-31 所示在另一个温度传感器插孔中插入另一只铂热电阻温度传感器 PT100。

（2）将 ±15 V 直流稳压电源接至温度传感器实验模块。温度传感器实验模块的输出 U_{o2} 接主控台直流电压表。

（3）将温度传感器模块上差动放大器的输入端 U_i 短接，调节电位器 R_{w4} 使直流电压表显示为 0。

（4）按图 2-33 接线，并将 PT100 的 3 根引线插入温度传感器实验模块中 R_t 两端（其中颜色相同的两个接线端是短路的）。

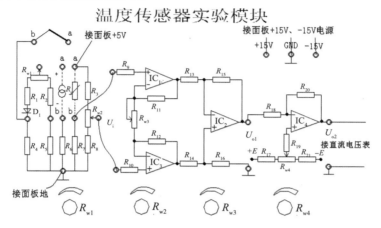

图 2-33　铂电阻温度特性实验电路连接图

（5）拿掉短路线，将 R_6 两端接到差动放大器的输入端 U_i，记下模块输出 U_{o2} 的电压值。

（6）改变温度源的温度，每隔 5 ℃记下 U_{o2} 的输出值，直到温度升至 120 ℃，并将实验结果填入表 2-25 中。

表2-25　铂电阻温度特性实验记录表

$T/℃$									
U_{o2}/V									

（7）根据表 2-25 的实验数据，作出 U_{o2}-T 曲线，分析 PT100 的温度特性曲线，计算其非线性误差 γ_L。

五、实验注意事项

无。

六、问题与讨论

试比较铂电阻温度传感器与实验二中集成温度传感器特性的差异。

※ 实验四　K 型热电偶测温实验

一、实验目的

分析热电偶传感器测温的基本原理，运用实验对 K 型热电偶特性进行分析。

二、实验设备

智能调节仪、PT100、K 型热电偶、温度源、温度传感器实验模块。

三、实验原理

（一）热电偶传感器的工作原理

热电偶传感器是一种基于塞贝克效应的使用最多的温度传感器，它的原理是基于 1821 年发现的塞贝克效应，即两种不同的导体或半导体 A 或 B 组成一个回路，其两端相互连接，只要两个节点处的温度不同，一个温度为 T，另一个温度为 T_0，则回路中就有电流产生，如图 2-34（a）所示，即回路中存在电动势，该电动势称为热电势。

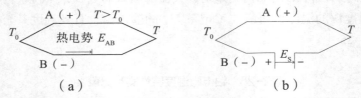

图 2-34　热电偶原理示意图

两种不同导体或半导体的组合称为热电偶。当回路断开时，在断开处便产生电动势 E_T，其极性和量值与回路中的热电势一致，如图 2-35（b）所示，并规定在冷端，当电流由 A 流向 B 时，称 A 为正极，B 为负极。实验表明，当 E_T 较小时，热电势 E_T 与温度差 $T-T_0$ 成正比，即

$$E_T = S_{AB}(T - T_0) \tag{2-21}$$

式中：S_{AB}——塞贝克系数，又称为热电势率，它是热电偶的最重要的特征量，其符号和大小取决于热电极材料的相对特性。

（二）热电偶的基本定律

1. 均质导体定律

由一种均质导体组成的闭合回路，不论导体的截面积和长度如何，也不论各处的温度分布如何，都不能产生热电势。

2. 中间导体定律

用两种金属导体 A，B 组成热电偶测量时，在测温回路中必须通过连接导线接入仪表测量温差电势 $E_{AB}(T, T_0)$，这些导体材料和热电偶导体 A，B 的材料往往并不相同。在这种引入了中间导体的情况下，回路中的温差电势是否发生变化呢？热电偶中间导体定律指出：在热电偶回路中，只要中间导体 C 两端温度相同，那么接入中间导体 C 对热电偶回路总热电势 $E_{AB}(T, T_0)$ 没有影响。

3. 中间温度定律

如图 2-35 所示，热电偶的两个节点温度为 T_1，T_2 时，热电势为 $E_{AB}(T_1, T_2)$；两节点温度为 T_2，T_3 时，热电势为 $E_{AB}(T_2, T_3)$，那么当两节点温度为 T_1，T_3 时的热电势为

$$E_{AB}(T_1,T_2) + E_{AB}(T_2,T_3) = E_{AB}(T_1,T_3) \tag{2-22}$$

上式就是中间温度定律的表达式。例如，$T_1 = 100 \, ℃$，$T_2 = 40 \, ℃$，$T_3 = 0 \, ℃$，则

$$E_{AB}(100,40) + E_{AB}(40,0) = E_{AB}(100,0)$$

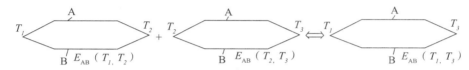

图 2-35　中间温度定律示意图

4. 热电偶的分度号

热电偶的分度号是其分度表的代号（一般用大写字母 S，R，B，K，E，J，T，N 表示）。它在热电偶的参考端为 0 ℃ 的条件下，以列表的形式表示热电势与测量端温度的关系。

四、实验内容与步骤

（1）重复项目七实验一，将温度控制在 50 ℃，在图 2-31 中另一个温度传感器插孔中插入 K 型热电偶。

（2）将 ±15 V 直流稳压电源接入温度传感器实验模块中。温度传感器实验模块的输出 U_{o2} 接主控台直流电压表。

（3）将温度传感器实验模块上差动放大器的输入端 U_i 短接，调节 R_{w3} 到最大位置，再调节电位器 R_{w4} 使直流电压表显示为 0。

（4）拿掉短路线，按图 2-36 接线，并将 K 型热电偶的两根引线，热端（红色）接 a，冷端（绿色）接 b；记下模块输出 U_{o2} 的电压值。

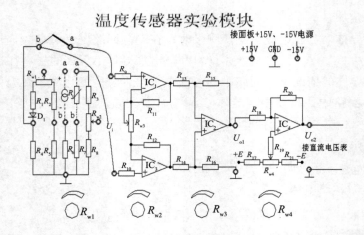

图 2-36 K 型热电偶测温实验电路连接图

（5）改变温度源的温度，每隔 5 ℃记下 U_{o2} 的输出值，直到温度升至 120 ℃，并将实验结果填入表 2-26 中。

表2-26 K型热电偶测温实验记录表

T/℃									
U_{o2} /V									

（6）根据表 2-26 的实验数据，作出 U_{o2}-T 曲线，分析 K 型热电偶的温度特性曲线，计算其非线性误差 γ_L。

（7）根据中间温度定律和 K 型热电偶分度表（见表 2-27），用平均值计算出差动放大器的放大倍数 A。

表2-27 K型热电偶分度表

温度 /℃	热电势 /mV									
	0	1	2	3	4	5	6	7	8	9
0	0	0.039	0.079	0.119	0.158	0.198	0.238	0.277	0.317	0.357
10	0.397	0.437	0.477	0.517	0.557	0.597	0.637	0.677	0.718	0.758
20	0.798	0.858	0.879	0.919	0.960	1.000	1.041	1.081	1.122	1.162
30	1.203	1.244	1.285	1.325	1.366	10407	1.4487	1.480	1.529	1.570
40	1.611	1.652	1.693	1.734	1.776	1.817	1.858	1.899	1.940	1.981
50	2.022	2.064	2.105	2.146	2.188	2.229	2.270	2.312	2.353	2.394

温度 /℃	热电势 /mV									
	0	1	2	3	4	5	6	7	8	9
60	2.436	2.477	2.519	2.560	2.601	2.643	2.684	2.726	2.767	2.809
70	2.850	2.892	2.933	2.975	3.016	3.058	30100	3.141	3.183	3.224
80	3.266	3.307	3.349	3.390	3.432	3.473	3.515	3.556	3.598	3.639
90	3.681	3.722	3.764	3.805	3.847	3.888	3.930	3.971	4.012	4.054
100	4.095	4.137	4.178	4.219	4.261	4.302	4.343	4.384	4.426	4.467
110	4.508	4.549	4.600	4.632	4.673	4.714	4.755	4.796	4.837	4.878
120	4.919	4.960	5.001	5.042	5.083	5.124	5.161	5.205	5.2340	5.287
130	5.327	5.368	5.409	5.450	5.190	5.531	5.571	5.612	5.652	5.693
140	5.733	5.774	5.814	5.855	5.895	5.936	5.976	6.016	6.057	6.097
150	6.137	6.177	6.218	6.258	6.298	6.338	6.378	6.419	6.459	6.499

五、实验注意事项

热电偶的两根引线不要接反。

六、问题与讨论

当热电偶回路中串进了其他金属（比如测量仪器等），是否会引入附加的温差电动势，从而影响热电偶原来的温差电特性？如果不影响的话，你是否能从理论上给予推导证明？

※　实验五　E 型热电偶测温实验

一、实验目的

运用实验对 E 型热电偶特性进行分析，并和 K 型热电偶进行比较。

二、实验设备

智能调节仪、PT100、E 型热电偶、温度源、温度传感器实验模块。

三、实验原理

同实验四。

四、实验内容与步骤

（1）重复项目七实验一，将温度控制在 50 ℃，在图 2-31 中另一个温度传感器插孔中插入 E 型热电偶。

（2）将 ±15 V 直流稳压电源接入温度传感器实验模块中。温度传感器实验模块的输出 U_{o2} 接主控台直流电压表。

（3）将温度传感器实验模块上差动放大器的输入端 U_i 短接，调节 R_{w3} 到最大位置，再调节电位器 R_{w4} 使直流电压表显示为 0。

（4）拿掉短路线，按实验四中图 2-36 接线，并将 E 型热电偶的两根引线，热端（红色）接 a，冷端（绿色）接 b；记下模块输出 U_{o2} 的电压值。

（5）改变温度源的温度，每隔 5 ℃记下 U_{o2} 的输出值，直到温度升至 120 ℃，并将实验结果填入表 2-28 中。

表2-28　E型热电偶测温实验记录表

$T/℃$									
U_{o2}/V									

（6）根据表 2-28 的实验数据，作出 U_{o2}-T 曲线，分析 E 型热电偶的温度特性曲线，计算其非线性误差 γ_L。

（7）根据中间温度定律和 E 型热电偶分度表（如表 2-29 所示），用平均值计算出差动放大器的放大倍数 A。

表2-29　E型热电偶分度表

温度 /℃	热电势 /mV									
	0	1	2	3	4	5	6	7	8	9
0	0.000	0.059	0.118	0.176	0.235	0.295	0.354	0.413	0.472	0.532
10	0.591	0.651	0.711	0.770	0.830	0.890	0.950	1.011	1.071	1.131
20	1.192	1.252	1.313	1.373	1.434	1.495	1.556	1.617	1.678	1.739
30	1.801	1.862	1.924	1.985	2.047	2.109	2.171	2.233	2.295	2.357
40	2.419	2.482	2.544	2.057	2.669	2.732	2.795	2.858	2.921	2.984

温度/℃	热电势 /mV									
	0	1	2	3	4	5	6	7	8	9
50	3.047	3.110	3.173	3.237	3.300	3.364	3.428	3.491	3.555	3.619
60	3.683	3.748	3.812	3.876	3.941	4.005	4.070	4.134	4.199	4.264
70	4.329	4.394	4.459	4.524	4.590	4.655	4.720	4.786	4.852	4.917
80	4.983	5.047	5.115	5.181	5.247	5.314	5.380	5.446	5.513	5.579
90	5.646	5.713	5.780	5.846	5.913	5.981	6.048	6.115	6.182	6.250
100	6.317	6.385	6.452	6.520	6.588	6.656	6.724	6.792	6.860	6.928
110	6.996	7.064	7.133	7.201	7.270	7.339	7.407	7.476	7.545	7.614
120	7.683	7.752	7.821	7.890	7.960	8.029	8.099	8.168	8.238	8.307
130	8.377	8.447	8.517	8.587	8.657	8.827	8.842	8.867	8.938	9.008
140	9.078	9.149	9.220	9.290	9.361	9.432	9.503	9.573	9.614	9.715
150	9.787	9.858	9.929	10.000	10.072	10.143	10.215	10.286	10.358	4.429

五、实验注意事项

热电偶的两根引线不要接反。

六、问题与讨论

查阅资料，比较 K 型热电偶和 E 型热电偶特性和应用场景上的差异。

※ 实验六 热电偶冷端温度补偿实验

一、实验目的

分析热电偶冷端温度补偿的基本原理和方法，用实验对热电偶进行基于电桥自动补偿法的温度补偿性能测试。

二、实验设备

智能调节仪、PT100、K 型热电偶、温度源、温度传感器实验模块。

三、实验原理

热电偶冷端温度补偿的方法有冰水法、恒温槽法和电桥自动补偿法（如图 2-37 所示），其中电桥自动补偿法最常用，它在热电偶和测温仪表之间接入直流电桥，称冷端温度补偿器，补偿器电桥在 0 ℃时达到平衡（亦有 20 ℃时平衡）。当热电偶自由端温度升高时，热电偶回路电势 U_{ab} 下降，由于补偿器中，PN 结的温度系数为负，其正向压降随温度升高而下降，促使 U_{ab} 上升，其值正好补偿热电偶因自由端温度升高而降低的电势，达到补偿目的。

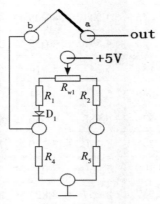

图 2-37 电桥自动补偿法电路图

四、实验内容与步骤

（1）选择智能调节仪的"控制对象"为"温度"，将温度传感器 PT100 接入"PT100 输入"（同色的两根接线端接蓝色，另一根接黑色插座），打开实验台总电源，并记下此时的实验室温度 T_2。

（2）重复项目七实验一，将温度控制在 50 ℃，在图 2-31 中另一个温度传感器插孔中插入 K 型热电偶。

（3）将 ±15 V 直流稳压电源接入温度传感器实验模块。温度传感器实验模块的输出 U_{o2} 接主控台直流电压表。

（4）将温度传感器实验模块上差动放大器的输入端 U_i 短接，调节 R_{w3} 到最大位置，再调节电位器 R_{w4} 使直流电压表显示为 0。

（5）拿掉短路导线，按图 2-38 接线，并将 K 型热电偶的两个引线分别接入模块两端（红色接 a，蓝色接 b）；调节 R_{w1} 使温度传感器输出 U_{o2} 电压值为 AE_2（A 为差动放大器的放大倍数，E_2 为 K 型热电偶 50 ℃时对应输出电势）。

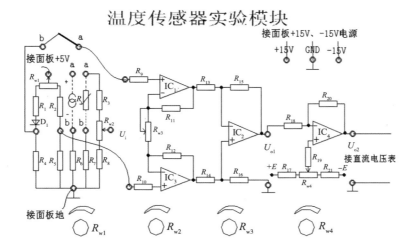

图 2-38　热电偶冷端温度补偿实验电路连接图

（6）改变温度源的温度，每隔 5 ℃记下 U_{o2} 的输出值，直到温度升至 120 ℃，并将实验结果填入表 2-30 中。

表2-30　热电偶冷端温度补偿实验记录表

$T/℃$								
U_{o2}/V								

7. 根据表 2-30 的实验数据，作出 (U_{o2}/A)-T 曲线，并与 K 型热电偶分度表进行比较，分析电桥自动补偿法的补偿效果。

五、实验注意事项

温度传感器 PT100 接线接入正确接线端。

六、问题与讨论

查阅资料，试比较热电偶冷端温度补偿几种方法的优缺点。

项目八 化学传感器实验

🔖 知识目标

1. 能够说出化学传感器的基本特点和应用范围。
2. 能够分析典型化学传感器检测电路构成或连接方法。

🔖 能力目标

1. 会应用气敏传感器进行相关物理量的测量。
2. 会应用湿敏传感器进行相关物理量的测量。

能将各种化学物质的特性（如气体、离子或电解质浓度、空气湿度等）的变化定性或定量地转换成电信号变化的传感器称为化学传感器。类比嗅觉和味觉器官，但并不是单纯的人体器官的模拟，还能感受人的器官不能感受的某些物质，如 H_2、CO 等。

按传感方式，化学传感器可分为接触式传感器与非接触式传感器。按检测对象，化学传感器分为气敏传感器、湿敏传感器、离子传感器等。例如气敏传感器就是能够感知环境中气体成分及其浓度的一种敏感器件，它将气体种类及与其浓度有关的信息转换成电信号，根据这些电信号的强弱便可获得与待测气体在环境中存在情况有关的信息；湿敏传感器是能感受外界湿度变化，并通过器件材料的物理或化学性质变化，将湿度转换成可用信号的器件或装置。

※ 实验一 气敏传感器实验

一、实验目的

分析气敏传感器的基本原理，并应用其进行空气中酒精浓度的测量。

二、实验设备

主机箱电压表、+5 V 直流稳压电源、TP–3 型气敏传感器、酒精棉球。

三、实验原理

气敏传感器一般可分为半导体式、接触燃烧式、红外吸收式和热导率变化式等。本实验所采用的是 TP–3 集成半导体气敏传感器，该传感器的敏感元件由纳米级氧化锡及适当掺杂混合剂烧结而成，具微珠式结构，是对酒精敏感的电阻型气敏元件。当受到酒精气体作用时，它的电阻值变化经相应电路转换成电压输出信号，输出信号的大小与酒精浓度对应。

TP-3 集成半导体气敏传感器实物及原理图、响应特性曲线如图 2-39、图 2-40 所示。

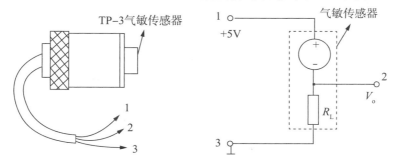

图 2-39 TP-3 集成半导体气敏传感器实物及原理图

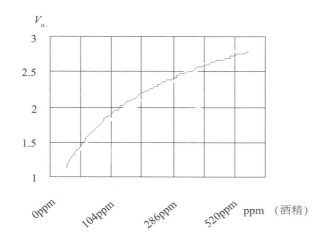

图 2-40 TP-3 集成半导体气敏传感器响应特性曲线

注：1ppm=0.000 1%。

四、实验内容与步骤

（1）将气敏传感器夹持在传感器固定支架上，传感器下方底座放入酒精棉球。

（2）按图 2-41 接线，将气敏传感器接线端红色线接＋5 V 电压、黑色线接地、蓝色线接电压表输入。

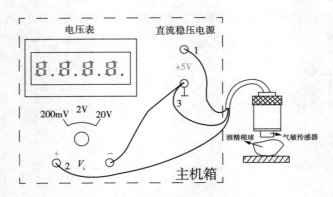

图 2-41　气敏传感器实验接线示意图

（3）将电压表量程切换到 20 V 挡。检查接线无误后合上主机箱电源开关，传感器通电较长时间（5 min 以上，因传感器长时间不通电的情况下，内阻会很小，通电后 V_o 输出很大，不能即时进入工作状态）后才能工作。

（4）将浸透酒精的小棉球靠近传感器，并吹 2 次气，使酒精挥发进入传感器金属网内，观察电压表读数变化，对照响应特性曲线得到酒精浓度。

五、实验注意事项

（1）注意气敏传感器接线端线的正确连接。
（2）传感器通电较长时间（5 min 以上）方能开始实验。

六、问题与讨论

酒精检测报警，常用于交通警察检查是否酒后开车，若要这样一种传感器还需考虑哪些环节与因素？

※　实验二　湿敏传感器实验

一、实验目的

分析湿敏传感器的基本原理，并应用其进行空气湿度的测量。

二、实验设备

主机箱电压表、+5 V 直流稳压电源、湿敏传感器、潮湿小棉球、干燥剂。

三、实验原理

湿度是指空气中所含有的水蒸气量。空气的潮湿程度，一般多用相对湿度概念表示，即在一定温度下，空气中实际水蒸气压与饱和水蒸气压的比值（用百分比表示），称为相对湿度（用 RH 表示），其单位为 %RH。湿敏传感器种类较多，根据水分子易于吸附在固体表面渗透到固体内部的这种特性（称水分子亲和力），湿敏传感器可以分为水分子亲和力型和非水分子亲和力型，本实验采用的是集成湿度传感器。该传感器的敏感元件采用的是水分子亲和力型中的高分子材料湿敏元件（湿敏电阻）。它的原理是将具有感湿功能的高分子聚合物（高分子膜）涂敷在带有导电电极的陶瓷衬底上，水分子的存在将影响高分子膜内部导电离子的迁移率，形成随相对湿度变化呈对数变化的阻抗。因此湿敏元件一般应用时都经放大转换电路处理，将对数变化转换成相应的线性电压信号输出，以制成湿度传感器模块形式。湿敏传感器实物、原理框图如图 2-42 所示。当传感器的工作电源为 +5 V ± 5% 时，湿度－输出电压曲线如图 2-43 所示。

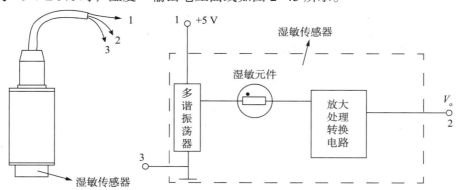

图 2-42　湿敏传感器实物、原理框图

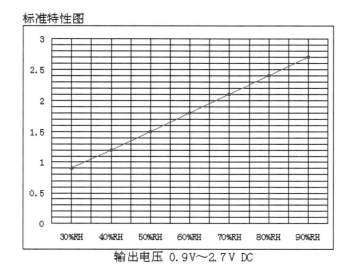

图 2-43　湿敏传感器湿度－输出电压曲线

四、实验内容与步骤

（1）将湿敏传感器夹在传感器固定支架上，传感器下方不放入任何东西。

（2）按图 2-44 接线，将湿敏传感器接线端红色线接＋5 V 电压，黑色线接地，蓝色线接电压表输入。

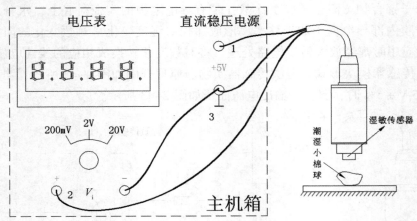

图 2-44　湿敏传感器实验接线示意图

（3）将电压表量程切换到 20 V 挡。检查接线无误后合上主机箱电源开关，传感器通电预热 5 min 以上，待电压表显示稳定后即为环境湿度所对应的电压值，记录此电压值。

（4）在干燥剂中放入传感器，观察电压表显示值的变化，电压表显示稳定后记录此电压值。

（5）将传感器靠近潮湿小棉球，等到电压表显示稳定后记录此电压值。

（6）查湿度－输出电压曲线得环境湿度、放入干燥剂后的湿度、靠近潮湿小棉球后的湿度。

五、实验注意事项

（1）注意湿敏传感器接线端线的正确连接。

（2）传感器通电较长时间（5 min 以上）方能开始实验。

六、问题与讨论

查阅资料，找寻湿度传感器在个人生活中的应用。

项目九 辐射与波式传感器实验

知识目标

1. 列举出常见的辐射与波式传感器。

2. 能够说出常见的辐射与波式传感器的基本原理。

能力目标

1. 会应用超声波传感器进行距离的测量。

2. 会应用热释电红外传感器进行探测。

常见的辐射与波式传感器有红外传感器、微波传感器和超声波传感器等。

（1）红外传感器是利用红外辐射实现相关物理量测量的一种传感器。红外辐射本质上是一种热辐射，物体的温度越高，辐射出来的红外线就越多；同时红外线作为电磁波的一种形式，红外辐射和所有的电磁波一样，是以波的形式在空间直线传播的，具有电磁波的一般特性。红外传感器测量时不与被测物体直接接触，因而不存在摩擦，并且有灵敏度高、反应快等优点。

（2）微波传感器的基本测量原理是发射天线发出微波信号，该微波信号在传播过程中遇到被测物体时将被吸收或反射，导致微波功率发生变化，通过接收天线将接收到的微波信号转换成低频电信号，再经过后续的信号调理电路等环节，即可显示出被测量。

（3）超声波传感器是将超声波信号转换成其他能量信号（通常是电信号）的传感器。超声波是振动频率高于 20 kHz 的机械波。它具有频率高、波长短、绕射现象、方向性好、能够成为射线定向传播等特点。超声波对液体、固体的穿透本领很大，尤其是在不透明的固体中。超声波碰到杂质或分界面会产生显著反射形成反射回波，碰到活动物体能产生多普勒效应。超声波传感器广泛应用在工业、国防、生物医学等领域。

※ 实验一 超声波传感器测距实验

一、实验目的

了解超声波在介质中的传播特性并分析超声波传感器测量距离的原理，运用超声波传感器进行距离的测量。

二、实验设备

超声波传感器实验模板、超声波发射及接收器件、反射挡板、数显表、±15 V 电源。

三、实验原理

超声波测距仪由超声波传感器（超声波发射探头 T 和接收探头 R）及相应的测量电路组成。超声波是听觉阈值以外的振动，其常用频率范围是 20 ～ 60 kHz，超声波在介质中可以产生三种形式的振荡波：横波、纵波和表面波。本实验为空气介质，用纵波测量距离。超声波发射探头的发射频率为 40 kHz，在空气中波速为 344 m/s。当超声波在空气中传播碰到不同界面时会产生反射波和折射波，从界面反射回来的波由接收探头接收，输入测量电路放大处理。通过测量超声波从发射到接收之间的时间差 Δt，利用如下式子即可计算出相应距离。

$$s = v_0 \Delta t \tag{2-23}$$

式中：v_0——超声波在空气中的传播速度。

四、实验内容与步骤

（1）将超声探头安装在实验模板的右上端，它们的引线 V_T、公共端（⊥）、V_R 在实验模板的左上端。

（2）将实验模板上的 V_T 与 V_T、V_R 与 V_R 及 ⊥ 相应连接，再将实验模板的 ±15 V、⊥及输出 V_{o2} 与主机箱的相应电源和电压表（量程 20 V 挡）相连，如图 2-45 所示。

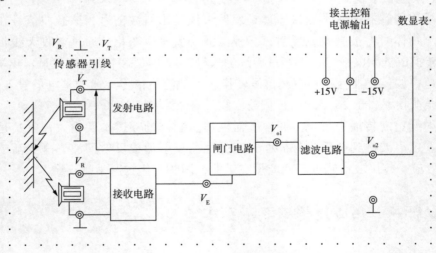

图 2-45　超声波传感器实验接线图

（3）在离超声波传感器 20 cm（0 ～ 20 cm 为超声波测量盲区）处放置反射挡板，调节挡板对准探头角度，合上主机箱电源。

（4）以反射挡板侧边为基准，平行移动反射挡板，依次递增 2 cm，读出数显表上的数据，记入表 2-31。

表2-31　超声波传感器测距实验数据记录表

X/cm								
U /V								

（5）根据实验记录数据画出 U–X 曲线，并计算其灵敏度 S 和非线性误差 γ_L。

五、实验注意事项

注意传感器接线。

六、问题与讨论

调节反射挡板的角度，重复上述实验，超声波传感器还可以用于测量角度吗?

※ 实验二　热释电红外传感器探测实验

一、实验目的

分析热释电红外传感器的基本原理，并应用其进行物体的探测。

二、实验设备

实验箱、红外热释电探头、红外热释电探测器。

三、实验原理

当已极化的热电晶体薄片受到辐射热时，薄片温度升高，极化强度下降，表面电荷减少，相当于"释放"了一部分电荷，故名热释电。释放的电荷通过一系列的放大，转化成输出电压。如果继续照射，晶体薄片的温度升高到 T_c（居里温度）值时，自发极化突然消失，不再释放电荷，输出信号为零，如图 2-46 所示。

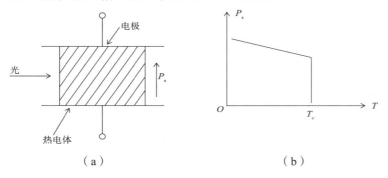

（a）　　　　　　　　　　（b）

图 2-46　热释电效应示意图

因此，热释电探测器只能探测交流的斩波式的辐射（红外辐射要有变化量）。当面积为 A 的热释电晶体受到调制加热，使其温度 T 发生微小变化时，就有热释电电流 i：

$$i = AP\frac{\mathrm{d}T}{\mathrm{d}t} \tag{2-24}$$

式中：A——热释电晶体的面积；

$\quad\quad$ P——热电体材料的热释电系数；

$\quad\quad$ T——热释电晶体的温度。

四、实验内容与步骤

（1）按图 2-47 接线，将红外热释电探头的三个插孔相应地连到实验模板热释电红外探头的输入端口上（红色插孔接 D、蓝色接 S、黑色接 E），再将实验模板上的 V_{cc} + 5 V 和"⊥"相应的连接到主控箱的电源上，再将实验模板的右边部分的探测器信号输入短接。

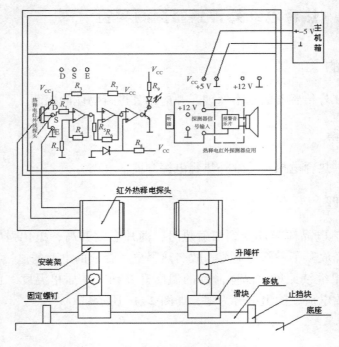

图 2-47　热释电实验接线图

（2）打开主机箱电源，手在红外热释电探头端面晃动时，探头有微弱的电压变化信号输出，经两级电压放大后，可以检测出较大的电压变化，再经电压比较器构成的开关电路，使指示灯点亮。观察这个现象过程。

（3）红外热释电探测器有四个接线，按图 2-48 接线，将探头的 1，3 号线相应地连接到实验模板的 +12 V 与"⊥"上，再将红外热释电探测器 2，4 号线分别接到实验模板的探测器信号输入端口上，再将实验模板的 +12 V 和 "⊥" 接到主机箱 +12 V 电源和 "⊥" 上。

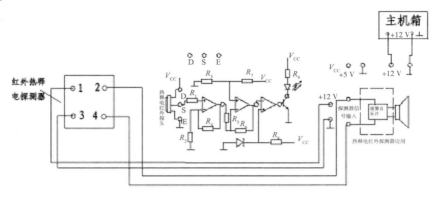

图 2-48　红外热释电探测器实验接线图

（4）打开主机箱电源，需延时几分钟模板才能正常工作。当人体或动物移动后，蜂鸣器报警。逐点移远人与传感器的距离，估计观察能检测到的红外物体的探测距离。

五、实验注意事项

注意传感器的接线。

六、问题与讨论

查阅资料，试举例说明本实验在生活中的应用。

模块三　拓展性实训

典型传感器的产品设计与应用

一、常见的典型传感器

国内智能传感器技术研发已经初步开展，同时一些科研机构已建立起智能传感器中试服务平台，常见的典型传感器有压力传感器、温度传感器、湿度传感器、声音传感器、加速度传感器、流量传感器、磁传感器和气体传感器等。

下面仅简单介绍以下三种传感器。

（一）压力传感器

压力传感器（见图3-1）是能感受压力信号，并能按照一定的规律将压力信号转换成可用输出电信号的器件或装置。

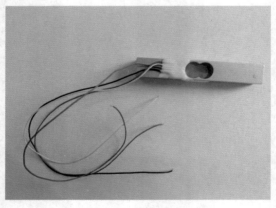

图3-1　实拍温度传感器图片

压力传感器通常由压力敏感元件和信号处理单元组成。按不同的测试压力类型，压力传感器可分为表压传感器、差压传感器和绝压传感器。其中表压传感器是能感受相对于环境压力的压力并转换成可用输出信号的传感器；差压传感器是用来测量两个压力之间差值的传感器，通常用于测量某一设备或部件前后两端的压差；绝压传感器是能感受绝对压力并转换成可用输出信号的传感器。

压力传感器是工业实践中最为常用的一种传感器，其广泛应用于各种工业自控环境，涉及水利水电、铁路交通、智能建筑等众多行业，相比传统的压力式传感器，目前MEMS（microelectromechanical system，中文译为微机电系统）压力传感器已经是市场主流。

（二）温度传感器

温度传感器（见图 3-2）是指能感受温度并将其转换成可用输出信号的传感器。

图 3-2　温度传感器

温度传感器是温度测量仪表的核心部分，品种繁多。按测量方式可分为接触式和非接触式两大类，按照传感器材料及电子元件特性分为热电阻和热电偶两类。

接触式温度传感器又称温度计，温度计通过传导或对流达到热平衡，从而使温度计的示值能直接表示被测对象的温度。

非接触式温度传感器的敏感元件与被测对象互不接触，又称非接触式测温仪表。这种仪表可用来测量运动物体及目标小、热容量小或温度变化迅速对象的表面温度。

热电阻则是利用金属随着温度变化，其电阻值也发生变化制成的传感器。对于不同金属来说，温度每变化 1℃，电阻值变化是不同的，而电阻值又可以直接作为输出信号。热电偶由两个不同材料的金属线组成，在末端焊接在一起。再测出不加热部位的环境温度，就可以准确知道加热点的温度。由于它必须有两种不同材质的导体，所以称为热电偶。

温度传感器是传感器中最为常用的一种，现代温度传感器外形非常小，这样可以广泛应用在生产实践的各个领域中，也为人们的生活提供了无数的便利和功能。

（三）气体传感器

气体传感器（见图 3-3）是一种将某种气体体积分数转化成对应电信号的转换器。

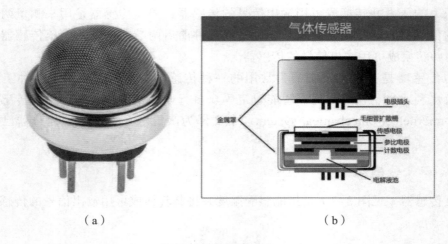

（a）　　　　　　　　　　　　　　（b）

图 3-3　气体传感器

　　气体传感器是一种将气体的成分、浓度等信息转换成可以被人员、仪器仪表、计算机等利用的信息的装置。探测头通过气体传感器对气体样品进行调理，通常包括滤除杂质和干扰气体、干燥或制冷处理。常见的气体传感器包括电化学气体传感器、催化燃烧气体传感器、半导体气体传感器和红外气体传感器等。不同类型的传感器由于原理和结构不同，性能、使用方法、适用气体、适用场合也不尽相同。

　　随着互联网与物联网高速发展，气体传感器在新兴的智能家居、可穿戴设备、智能移动终端等领域的应用突飞猛进，大幅扩展了应用空间。

　　和其他传感器一样，气体传感器发展的趋势也具有微型化、智能化和多功能化的特点。纳米、薄膜技术等新材料制备技术的成功应用为气体传感器实现新功能提供了条件。微型化智能化的气体传感器将成为激活市场的新亮点。检测气体种类覆盖绝大多数可燃气体和毒性气体，它广泛应用于工业、矿业等领域。

二、自动检测系统的设计

（一）自动检测系统的概念

　　自动检测系统由硬件、软件两大部分组成（见图 3-4）。硬件主要包括自动测量、数据采集系统、微处理器、输入输出接口等。

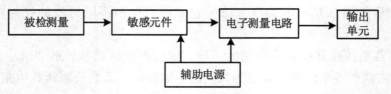

图 3-4　自动检测系统的组成

（二）自动检测系统的设计原则

首先，要能够实现所要求的功能和技术指标，我们可以简称为"满足设计的测量要求或需要"。例如，我们测量一个物体的质量，需要测量质量的范围、精度、误差等范围各自是多少，及如何去盛放物体等等；我们测量环境的温湿度，需要明确该环境下的温湿度的测量范围、精度、误差范围等等。因为不同的测量要求选用的传感器和测量电路是完全不一样的，有普通温湿度传感器、工业用的高温传感器，如果不能直接接触该被测量，我们可能需要选用红外温度计等等。

其次，要满足系统在可靠性、可维护性方面的要求，如平均无故障工作时间、故障率、失效率、平均寿命等，还要考虑用户操作方便，提供良好的人机界面等等。当然这个也可以理解为满足设计的测量要求或需要的一种，我们可以简称为"满足实现设计的测量要求"。

再次，在设计产品时要保障测量系统规范化、模块化、科学化、标准化，还要降低成本，提高系统的性能价格比，我们可以简称为"性价比高"。

最后，现代智能产品也越来越突出人性化。

如德国的工业企业一向以高质量的产品著称世界，德国不少企业都有非常杰出的设计，同时有非常突出的质量水平，比如克鲁博公司、艾科公司、梅里塔公司、西门子公司等等，德国设计的典型特点有理性化、高质量、可靠、功能化、冷漠的外表与色彩等；德国的平面设计具有明快、简单、准确、高度理性化的特点。

日本的工业设计中，极简主义是非常突出的一种，同时也非常注重产品的意境、情感、哲理和舒适性，因此日本产品也在世界上占有一席之地。

单纯从产品设计的原则来说，产品设计的四大基本原则有亲密性、对齐、重复、对比，现代产品设计需遵循的基本原则：设计出顾客需要的产品或服务，强调顾客的满意度；设计出可制造性强的产品或服务，强调产品责任；设计出稳定性强的产品或服务，强调产品责任；设计出绿色产品，强调商业道德。这些都是我们将来需要深入学习的知识。

（三）自动检测系统的设计方法

自动检测系统的设计方法非常多，每一位设计者都有不同的设计思路和风格，如追求简约型的、模块化型的设计者，一般会以实用简洁为主；而追求高端型的设计者，一般会把产品的外观放在首位，其次才是性价比等。

作为初学者，一般应从规范化、科学化、简洁化入手，待自己熟练掌握产品设计的基本原则后再慢慢追求自己的设计风格。

1. 自顶向下的设计方法、自底向上的设计方法

常见的设计方法比较多，对于不同的分类方法，设计方法也不一样。按照整体与局部的设计思想，可以分为自顶向下的设计方法、自底向上的设计方法。

自顶向下的设计方法即从总体到局部、再到细节。先考虑整体目标，明确任务，把整体分解为多个子任务，并充分考虑子任务之间的联系。

自底向上的设计方法是为了完成某个检测任务，可以利用现有的模块、仪器，综合

成一个满足要求的系统。这种系统虽然未必是最简单、最优化的方案，但只要能完成检测任务，仍不失为快速、高效解决问题的方法。

2. 硬件软化或软件硬化等间接的设计方法

按照软硬件的不同也可以分为软件设计、硬件设计的方法等等，也可以采用硬件软化或软件硬化等间接的设计方法。硬件软化即为降低硬件成本，将某些硬件功能用软件实现。例如，计数器、运算器等硬件设备所具有的计数、运算功能可用软件完成，从而节省了硬件设备。但是硬件软化后运行速度比硬件低得多。近年来随着半导体技术的发展，又出现了软件硬化的趋势，即将软件实现的功能用硬件实现。其中，最典型的是数字信号处理芯片 DSP。过去进行快速傅里叶变换都用软件程序实现，现在利用 DSP 进行 FFT 运算，可以大大减轻软件的工作量，提高信号处理速度。

智能检测系统中有些功能必须靠硬件实现，而另外有些功能利用软件或硬件都可完成。

软件可完成许多复杂运算，修改方便，但速度比硬件慢。硬件成本高，组装起来以后不易改动。

多使用硬件可以提高仪器的工作速度，减轻软件负担，但结构较复杂；使用软件代替部分硬件会简化仪器结构，降低硬件成本，但增加了软件开发的成本。大批量投产时，软件的易复制性可以降低成本。工作速度允许的情况下，应该尽量多利用软件。必须根据具体问题，分配软件和硬件的任务，决定系统中哪些功能由硬件实现，哪些功能由软件实现，确定软件和硬件的关系。

（四）自动检测系统的设计步骤

1. 确定任务、拟定设计方案

（1）根据要求确定系统的设计任务、功能、指标，明确系统需要完成的测量任务；

（2）明确被测信号的特点、被测量类型、被测量变化范围、被测量的数量、输入信号的通道数；

（3）明确测量速度、精度、分辨率；

（4）明确测量结果的输出方式、显示器的类型；

（5）明确输出接口的设置。

考虑系统的内部结构、外形尺寸、面板布置、研制成本、可靠性、可维护性及性能价格比等。

综合考虑上述各项，提出系统设计的初步方案。

2. 进行产品总体设计，选择各个子模块

通过调研对所提出的系统设计初步方案进行论证，完成系统总体设计。

在完成总体设计之后，便可进行设计任务分解，将系统的研制任务分解成若干子任务之后针对子任务进行具体的设计。

3. 硬件和软件的调试

在开发过程中，硬件和软件应同时进行。

（1）硬件电路的设计、功能模块的焊接、调试。根据总体设计，将整个系统分成若干个功能模块，分别设计各个电路，如输入通道、输出通道、信号调理电路、接口、单片机及其外围电路等。

在完成电路设计之后，即可制作相应功能模块。要保证技术上可行、逻辑上正确，注意布局合理、连线方便。先画出电路图，基于电路图制成布线图，基于布线图加工成印刷电路板，将元器件安装、焊接在印刷电路板上，仔细校核、调试。

（2）软件框图的设计、程序的编写和调试。将软件总框图中的各个功能模块具体化，逐级画出详细的框图，作为编制程序的依据。

编写程序一般用汇编语言建立用户源程序。在开发系统机上，利用汇编软件对输入的用户源程序进行汇编，变为可执行的目标代码。

在程序设计中还必须进行优化工作，利用各种程序设计技巧，使编出的程序占用内存空间尽量小、执行速度尽量快。

4. 系统总调、性能测试

在硬件、软件分别完成后，即可进行联合调试，即系统总调，测试系统的性能指标。

若有不满足要求之处，需要仔细查找原因，进行相应的硬、软件改进，直到满足要求为止。

以上几个步骤我们可以总结为定方案、选元器件、焊接电路 / 焊接模块、硬件和软件调试、产品调试。

（五）元器件或子模块的选取原则

从产品的实用性和追求性价比的角度来看，一切电子产品模块选取的原则都可以归纳为满足实现设计的测量要求、性价比高，其次才是舒适性、外观性等。

以传感器的选取为例说明。

首先，需要确定传感器的类型。全面考虑被测量的特点和传感器的使用条件，包括量程的大小；被测空间对传感器体积的要求；测量方式为接触式测量还是非接触式测量；信号的传输方法，是有线传感还是无线传感；传感器的来源，是购买商品化的传感器还是自行研制传感器，是购买国产传感器还是购买进口传感器。

考虑上述问题，确定选用何种类型的传感器，也就是选择什么传感器。

其次，确定线性范围和量程，也就是明确哪种类型的传感器具体符合我们的要求。

当传感器的种类确定之后，要看其量程和线性范围能否满足要求。任何传感器都不能保证绝对的线性范围，其线性范围是相对的。根据不同的测量精度要求，可将非线性误差较小的传感器近似看成线性传感器。

再次，在选择传感器时，考虑灵敏度和测量误差。我们一般希望传感器的灵敏度越高越好。但传感器的灵敏度高，外界噪声也容易混入，也会被测量系统的放大器放大，影响测量精度。

最后，我们一定要注意好测量的精度要求。传感器的选取原则并非精度越高越好。

传感器的精度越高，其价格越昂贵。传感器的精度只要满足整个测量系统的精度要求就可以，不必选得过高。在满足同一测量目的的诸多传感器中选择最便宜、最简单、最可靠的传感器。

项目一　应变式压力传感器电子秤的设计

知识目标
掌握应变式压力传感器电子秤硬件电路的设计方法。

能力目标
1. 学会合理选择电子模块。
2. 掌握电子秤设计中软件调试的方法。

一、设计概述

电子秤的压力传感器通常有电阻式、磁浮式和电容式三种类型。电阻式的精度较高，使用比较广泛；电容式在体积上比较有优势；磁浮式的精度特高，在制造成本上相对也会比较高一点。

本项目采用应变式压力传感器，它是电阻式压力传感器中的一种，压力传感器的规格可以分为 1 kg、5 kg、10 kg、20 kg 等。其原理如图 3-5 所示。

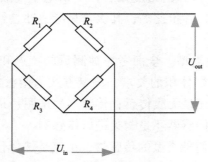

图 3-5　应变式压力传感器原理图

二、设计目标

硬件设计方案各个模块的分析：因测量要求比较简单，对各个子模块的测量精度要求也比较低，我们采用自顶向下的设计方法。

设计目的：采用应变式压力传感器，测量某个物体的质量。

　　下面我们依次分析。

　　被检测量：本次设计的目的是测量某个物体的质量，包括质量大小、测量的精度等。

　　敏感元件：传感器由敏感元件、转换元件和其他辅助部分组成，我们可以认为这里的敏感元件是根据测量目的需要，所选择的恰当传感器，所以有些教材直接把该模块写成了传感器。它是把被测的非电量转换成与之有确定关系，且便于应用的某些物理量的检测装置。本次实验室要采用应变式压力传感器作为敏感元件，应变式压力传感器受到了压力，电阻就发生相应的变化。

　　电子测量电路：能够将敏感元件输出的变化量转化为电信号的变化量，使之能够在输出单元的指示仪、记录仪上记录，或者是能够作为控制系统的检测或反馈信号。

　　这里我们要根据应变式压力传感器输出信号的特点进行转化（调整、放大等）。

　　输出单元：指示仪、记录仪（自动检测系统）、累加器（自动计量系统）、报警器（自动保护系统或自动诊断系统）、数据处理电路（部分数据分析系统）等。

　　这里是需要显示质量的显示屏模块。

　　辅助电源：能够满足对各个模块供电的供电系统，可以是直流也可以是交流，需要根据各个模块的性能选择适当的供电电源范围。有些教材里面是默认辅助电源不出现在硬件设计框图里面的。

三、确定硬件设计方案

　　被检测量：被测物体的质量，包括测量物体的质量范围、精度等要求。

　　敏感元件：应变式压力传感器模块。

　　电子测量电路：由于通常压力传感器输出信号为模拟信号，而输出单元需要转换为电子信号显示，所以电子测量电路为 A/D 转换模块。

　　输出单元：LED 或 LCD 显示屏。

　　初步的硬件电路设计框图如图 3-6 所示。

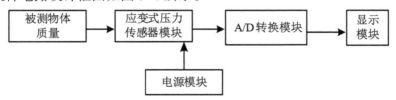

图 3-6　应变式压力传感器电子秤的初步硬件电路设计框图

　　由于各个模块只是单纯的传递，如何显示、显示的方式等功能实现起来比较复杂，为更好地实现控制功能，也为了实现简单便捷，在学习了单片机知识之后，加上单片机价格便宜、控制方便，我们可以在 A/D 转换模块后面加上单片机模块，这样更便于控制整个电路，实现功能也会更多。

　　改进后的硬件电路设计框图如图 3-7 所示。

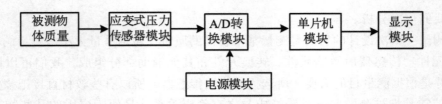

图 3-7　应变式压力传感器电子秤的初步硬件电路设计改进框图

或者是把第一个模块去掉，硬件电路框图简化结果如图 3-8 所示。

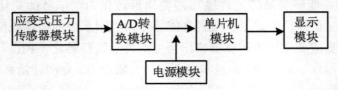

图 3-8　应变式电子秤的（基础）硬件电路设计框图

图 3-8 即为功能完整的应变式压力传感器电子秤的（基础）硬件电路设计框图，可以实现称重的目标。

生活中较为实用的是加入按键模块实现计算、控制功能，加入超重报警模块预防超重，方案如图 3-9 所示。

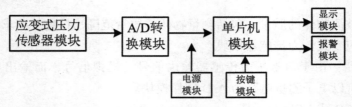

图 3-9　实用型应变式压力传感器电子秤的硬件电路设计框图

四、各个子模块的选择

选取原则即为前面介绍的知识。精度只要满足整个测量系统的要求就可以，不必选得过高。

在满足同一测量目的的诸多传感器中选择最便宜、最简单、最稳定的即可。

（1）应变式压力传感器模块：根据称量的范围，选择合适的传感器模块，称量量程不小于最大称量值 1.2 ～ 1.5 倍，如最大称量值是 5 kg，为避免超重损坏设备，一般建议压力传感器量程不小于 7.5 kg。

（2）A/D 转换模块：该模块主要是将传感器导出的模拟信号转换为数字信号。如果你选择的是数字型的压力传感器，也不用再选择该模块，但是价格可能会贵一些。

目前很多 A/D 转换模块兼具放大信号的功能，所以在该模块后可以不用再选择放大器。

（3）单片机模块：所有的单片机模块都可以实现称重的功能，如果有附加的计算、显示、报警等功能也完全可以实现，所以建议选取一般的单片机就行，如 89C51 单片机、89C52 单片机等都可以。

注意不要选择太昂贵的单片机，如单片机开发板之类。

（4）显示模块：根据设计需要的显示方式要求，确定合适的显示屏。

常用显示模块有数码管、LED 或 LCD 点阵显示模块、视频显示屏等。

①数码管：可以显示数字、英文，价格便宜，显示性能也很稳定。

②LED 或 LCD 点阵显示模块：可以显示字符、汉字、图像等。

注意 LED 点阵显示模块和 LCD 点阵显示模块是不一样的，能够显示字符的显示屏和能够显示汉字的显示屏价格也是不一样的。

如图 3-10（a）所示就是一个字符型点阵 YB1602 显示屏，"16"表示每行可以显示 0~9 和 A~F 共 16 个字符，"02"表示 2 行。"YB"是深圳亚斌公司拼音首字母，是生产公司的简称，若 1602 后面可以显示加上 A，B，C 等字母表示不同的批次或类型。

如图 3-10（b）所示就是一个能显示 4 行、每行 20 个字母或数字的 2004 显示屏。

（a）　　　　　　　　　　　（b）

图 3-10　1602 显示屏与 2004 显示屏

③LED 视频显示屏：可以显示视频、动画等。显示方式常见的有静态显示和动态显示，动态显示又有翻页显示、横向滚动显示（如图 3-11 所示）和垂直滚动显示等。

图 3-11　横向滚动显示

（5）电源模块：满足所有模块输入电压需求的供电电源。

五、压力传感器模块的选择和 A/D 采集

根据所选择的不同模块，详细了解各个模块引脚的作用，焊接电路，调试电路。因为各个模块不同，引脚也会不一样，该部分不再一一介绍。为编程和调试程序的方便，我们暂且初步确定各个主要子模块的选择。

（一）压力传感器模块

电阻式压力传感器内部其实就是一个半桥电路。图 3-12 所示是加了秤盘后的效果，可以看出模块引出四根线，分别是红线、黑线、绿线、白线。对应着电桥电路的电源正

极、电源负极、信号线正极、信号线负极。压力传感器的灵敏度是 1 mV/V 也就是说如果我们提供给压力传感器电桥电路的电压为 5 V，那么输出的电压范围就是 ±5 mV。

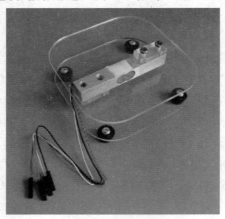

图 3-12　电阻式压力传感器实物图

（二）A/D 转换模块

压力传感器输出的模拟电压需要经过 A/D 转换器芯片转换成数字量，然后提供给单片机进行处理和计算，最终把结果显示在显示模块上。

本项目采用的模数转换芯片是电子秤专用 A/D 转换器芯片 HX711，HX711 采用了海芯科技集成电路专利技术，是一款专为高精度电子秤而设计的 24 位 A/D 转换器芯片。与同类型其他芯片相比，该芯片集成了包括稳压电源、片内时钟振荡器等其他同类型芯片所需要的外围电路，具有集成度高、响应速度快、抗干扰性强等优点。降低了电子秤的整机成本，提高了整机的性能和可靠性。上电自动复位功能简化了开机的初始化过程。

HX711 内部原理图如图 3-13 所示。

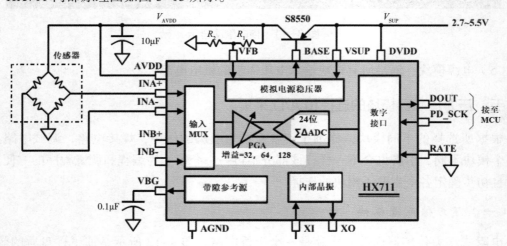

图 3-13　HX711 内部原理图

HX711 与后端 MCU 芯片的接口和编程非常简单，所有控制信号由管脚驱动，无须对芯片内部的寄存器编程。输入选择开关可任意选取通道 A 或通道 B，与其内部的低噪声可编程放大器相连。通道 A 的可编程增益为 128 或 64，对应的满额度差分输入信号幅值分别为 ±20 mV 或 ±40 mV。通道 B 则为固定的 32 增益，用于系统参数检测。芯片内提供的稳压电源可以直接向外部传感器和芯片内的 A/D 转换器提供电源，系统板上无须另外的模拟电源。芯片内的时钟振荡器不需要任何外接器件。

HX711 采用 SOP-16L 封装的形式，管脚说明如图 3-14 和表 3-1 所示。

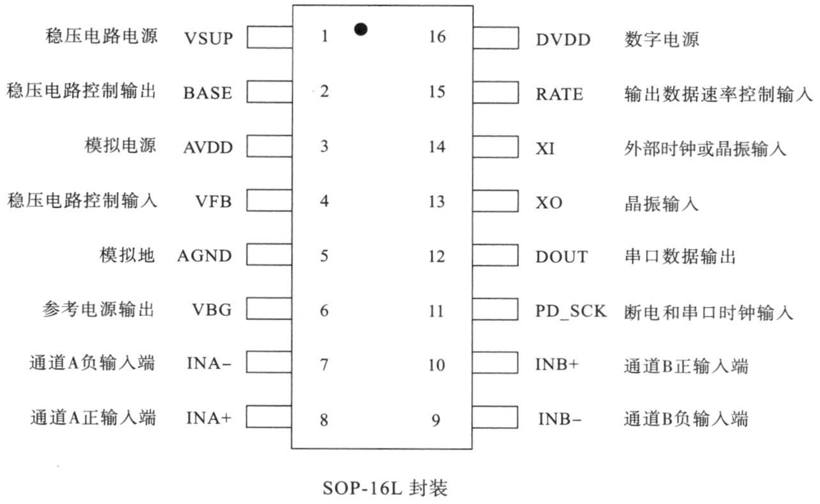

稳压电路电源	VSUP	1	·	16	DVDD	数字电源
稳压电路控制输出	BASE	2		15	RATE	输出数据速率控制输入
模拟电源	AVDD	3		14	XI	外部时钟或晶振输入
稳压电路控制输入	VFB	4		13	XO	晶振输入
模拟地	AGND	5		12	DOUT	串口数据输出
参考电源输出	VBG	6		11	PD_SCK	断电和串口时钟输入
通道A负输入端	INA−	7		10	INB+	通道B正输入端
通道A正输入端	INA+	8		9	INB−	通道B负输入端

SOP-16L 封装

图 3-14　HX711 采用 SOP-16L 封装的形式管脚说明图

表 3-1　HX711 采用 SOP-16L 封装的形式管脚说明

管脚号	名称	性能	描述
1	VSUP	电源	稳压电路供电电源：2.6 ~ 5.5 V
2	BASE	模拟输出	稳压电路控制输出（不用稳压电路时为无连接）
3	AVDD	电源	模拟电源：2.6 ~ 5.5 V
4	VFB	模拟输入	稳压电路控制输入（不用稳压电路时应接地）
5	AGND	地	模拟地
6	VBG	模拟输出	参考电源输出
7	INA−	模拟输入	通道 A 负输入端
8	INA+	模拟输入	通道 A 正输入端
9	INB−	模拟输入	通道 B 负输入端

续 表

管脚号	名称	性能	描述
10	INB+	模拟输入	通道 B 正输入端
11	PD_SCK	数字输入	断电控制（高电平有效）和串口时钟输入
12	DOUT	数字输出	串口数据输出
13	XO	数字输入输出	晶振输入（不用晶振时为无连接）
14	XI	数字输入	外部时钟或晶振输入，0：使用片内振荡器
15	RATE	数字输入	输出数据速率控制，0：10Hz；1：80Hz
16	DVDD	电源	数字电源：2.6 ～ 5.5 V

HX711 与压力传感器连接的电路原理图如图 3-15 所示。

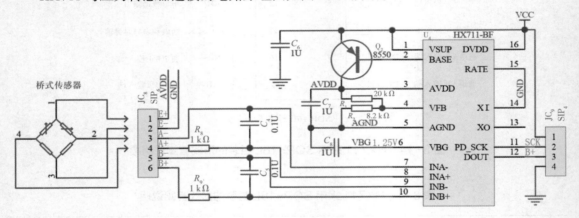

图 3-15　HX711 与压力传感器连接的电路原理图

电路原理图的设计参考了官方手册的原理图设计方案。

模拟输入部分：桥式传感器的 2 和 4 引脚接入 HX711 芯片的 INA- 和 INA+ 引脚上，这两个引脚是通道 A 模拟差分输入引脚，由于桥式传感器输出的信号较小（mV 级别），为了充分利用 A/D 转换器的输入动态范围，该通道的可编程增益较大，增益为 128 或 64（可通过编程实现）。同时 HX711 除了有通道 A 提供给桥式传感器使用之外，还有另外一个通道 B 可用于电池电量的测量，通道 B 的增益为固定的 32。

供电电源部分：数字电源（DVDD）应使用与 MCU 芯片相同的数字供电电源。HX711 芯片内的稳压电路可同时向 A/D 转换器和外部传感器提供模拟电源。稳压电路的供电电源（VSUP）可与数字电源（DVDD）相同。稳压电路的输出电压值（VAVDD）由外部分压电阻 R_1、R_2 和芯片的参考电源输出（VBG）决定，稳压电路的输出电压大小可由公式 $VAVDD=VBG(R_1+R_2)/R_2$ 计算得到。原理图中 VBG 为模块基准电压 1.25 V，

$R_1 = 20 \, \text{k}\Omega$，$R_2 = 8.2 \, \text{k}\Omega$，因此得出 VAVDD ≈ 4.3 V。所以电桥电路的供电电压和 HX711 内部的 A/D 转换器的基准电压都是 4.3 V。

时钟部分：HX711 具有片内时钟振荡器无须任何外接器件，同时在需要的时候也可使用外接晶振或外部时钟直接输入。如果将管脚 XI 接地，HX711 将自动选择使用内部时钟振荡器，并自动关闭外部时钟输入或外接晶振的相关电路。这种情况下，典型输出数据速率为 10 Hz 或 80 Hz。如果需要准确地输出数据速率，可将外部输入时钟通过一个 20pF 的隔直电容连接到 XI 管脚上，或将外接晶振连接到 XI 和 XO 管脚上。这种情况下，芯片内的时钟振荡器电路会自动关闭，晶振时钟或外部输入时钟电路被采用。此时，若晶振频率为 11.0592 MHz，输出数据速率为准确的 10 Hz 或 80 Hz。输出数据速率与晶振频率以上述关系按比例增加或减少。

HX711 通信时序：HX711 与单片机通信引脚由 PD_SCK 和 DOUT 引脚组成，HX711 采用的是两线 SPI 与单片机进行数据通信（见图 3-16）。其实 HX711 的时序图对应的标准 SPI 里面的 CPOL=0 和 CPHA=1 的情况是在奇数时钟沿变换数据，偶数时钟沿进行数据的采样，只不过 HX711 的时序里面少了一条数据线。

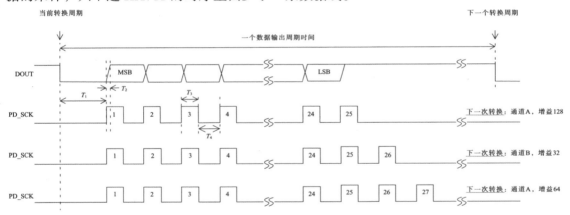

图 3-16　HX711 通信时序图

当数据输出管脚 DOUT 为高电平时，表明 A/D 转换器还未准备好输出数据，此时串口时钟输入信号 PD_SCK 应为低电平。当 DOUT 从高电平变为低电平后，PD_SCK 应输入 25 至 27 个不等的时钟脉冲。

其中第 1 个时钟脉冲的上升沿将读出输出 24 位数据的最高位，直至第 24 个时钟脉冲完成，24 位输出数据从最高位至最低位逐位输出完成。第 25 至 27 个时钟脉冲相当于给 HX711 下达指令用来选择下一次 A/D 转换的输入通道和增益。

如果脉冲总数为 25 个，那么下次转换的通道是通道 A，同时通道 A 的增益为 128。如果脉冲总数为 26 个，那么下次转换的通道是通道 B，同时通道 B 的增益为 32。如果脉冲总数为 27 个，那么下次转换的通道为通道 A，同时通道 A 的增益为 64。

另外在编程时要注意以下两点：

（1）PD_SCK 的输入时钟脉冲总数不应少于 25 个或多于 27 个，否则会造成串口通信错误。

（2）当 A/D 转换器的输入通道或增益改变时，A/D 转换器需要 4 个数据输出周期才能稳定。DOUT 在 4 个数据输出周期后才会从高电平变为低电平，输出有效数据。

六、初级电子秤程序设计

初级电子秤原理框图（见图 3-17）及电路图（见图 3-18）如下。

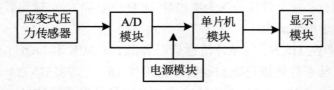

图 3-17　初级电子秤原理框图

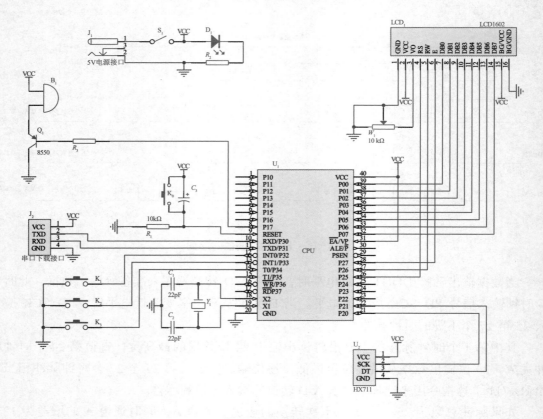

图 3-18　电路图

HX711 通过 P20 和 P21 引脚实现与单片机的数据通信；显示模块采用 LCD1602 液晶

显示屏来实现质量的显示功能；三个独立按键可以实现去皮和标定功能的控制；蜂鸣器电路用来实现超重报警。

（1）HX711 程序实现。整个工程采用模块化设计思路，每个模块包含一个 .h 文件和一个 .c 文件，方便后续管理和程序移植。

HX711.h 文件的内容如下所示。

```
#ifndef __HX711_H__
#define __HX711_H__
#include <reg52.h>
#include <intrins.h>
//IO 设置
sbit HX711_DOUT=P2^1;
sbit HX711_SCK=P2^0;
// 函数或者变量声明
extern void Delay__hx711_us(void);
extern unsigned long HX711_Read(void);
#endif
```

在头文件中定义与 HX711 通信的引脚和外部函数的声明，同时包含需要的头文件。有了头文件，在 HX711.c 文件中就可以使用这个头文件，具体内容如下所示。

```
#include "HX711.h"
//***************************************************
// 延时函数
//***************************************************
void Delay__hx711_us(void)
{
    _nop_();
    _nop_();
}
//***************************************************
// 读取 HX711
//***************************************************
unsigned long HX711_Read(void)  // 增益 128
{
    unsigned long count;
    unsigned char i;
```

```
        HX711_DOUT=1; // 把数据引脚置位，如果对方在忙，这个引脚就一直为 1 下去
        // 如果 HX711 空闲，会把这个引脚拉低，为下一步检测这个引脚做准备
        Delay__hx711_us();
        HX711_SCK=0; // 为下一步上升沿做准备
        count=0;
        EA = 1;
        while(HX711_DOUT); // 判断这个引脚的电平，为 1 或者为 0
        EA = 0;// 接下来数据中断会干扰数据的存储
        for(i=0;i<24;i++)
        {
                HX711_SCK=1;
                count=count<<1;  //0000 0000 0000 0000 0000 0000
                HX711_SCK=0;
                if(HX711_DOUT)//if 语句后面的判断为真，执行内语句
                        {
                        count++;
                        }
        }
        HX711_SCK=1;
        count=count^0x800000;// 第 25 个脉冲下降沿来时，转换数据
        Delay__hx711_us();
        HX711_SCK=0;
        return(count);
}
```

操作 HX711 的核心就是 HX711_Read 这个函数，这个函数是参考官方手册的操作时序来编写的，首先根据时序图把 HX711 的数据引脚置位，如果 HX711 在忙这个引脚就会一直持续高电平，如果 HX711 处于空闲状态就会把数据引脚拉低。其次把时钟信号也拉低，为下一步上升沿的操作做准备，程序中采用了"while(HX711_DOUT)"来判断数据引脚是否为低电平，如果为高电平，一直执行这一条语句，一直到数据引脚为低电平时才执行下一条语句。再次就是读取 HX711 内部的 24 位 A/D 转换数字值了，采用 for 循环来依次读取转换的结果，转换的结果存在变量 count 里面。在时序图中可以看出数据的输出顺序是 MSB 在前、LSB 在后，另外在时钟信号的上升沿是数据变化的时候，在时钟信号的下降沿是数据采样的时候，所以我们应该在下降沿之后读取数据引脚的状态。在程序中有一个技巧就是每次 count 变量左移一位，空位进行补零操作，此时如果判断，数据引脚的状态为 1，就对移动后的 count 进行加 1 操作，正好使空位变为 1，如果数据引脚的状

态为 0，就不用去操作 count，保持空位为 0 即可。读取完 24 位数据之后，可以根据需要给 HX711 下达指令进行接下来要操作的通道和增益的设置，通过之前的介绍可知，下达指令非常简单，就是根据需要发送相应的脉冲数。例如，我们根据需要发送了 25 个脉冲即接下来要转换通道 A，同时设置通道 A 的增益为 128。程序最后释放时钟引脚并且返回转换的结果值。

（2）LCD1602 液晶显示模块程序实现。本项目中 1602 的驱动程序是非常典型的驱动写法，大家在单片机课程里面肯定学过，这里详细的内容就不再赘述了，只是列出 .h 文件和 .c 文件内容。

LCD1602.h 文件内容如下所示。

```
#ifndef __LCD1602_H__
#define __LCD1602_H__
#include <reg52.h>
//LCD1602 IO 设置
#define LCD1602_PORT P0
sbit LCD1602_RS = P2^5;
sbit LCD1602_RW = P2^6;
sbit LCD1602_EN = P2^7;
// 函数或者变量声明
extern void LCD1602_delay_ms(unsigned int n);
extern void LCD1602_write_com(unsigned char com);
extern void LCD1602_write_data(unsigned char dat);
extern void LCD1602_write_word(unsigned char *s);
extern void Init_LCD1602();
#endif
```

LCD1602.c 文件内容如下所示。

```
#include "LCD1602.h"
#include <intrins.h>
//***********************************************
//MS 延时函数 (12MHz 晶振下测试 )
//***********************************************
void Delay1ms()            //@5.5296MHz
{
    unsigned char i, j;
    _nop_();
    _nop_();
```

```
    i = 8;
    j = 43;
    do
    {
            while (--j);
    } while (--i);
}
void LCD1602_delay_ms(unsigned int n)
{
    unsigned int  i;
    for(i=0;i<n;i++)
    {
            Delay1ms();
    }
}
//*************************************************
// 写指令
//*************************************************
void LCD1602_write_com(unsigned char com)
{
    LCD1602_RS = 0;
    LCD1602_delay_ms(1);
    LCD1602_EN = 1;
    LCD1602_PORT = com;
    LCD1602_delay_ms(1);
    LCD1602_EN = 0;
}
//*************************************************
// 写数据
//*************************************************
void LCD1602_write_data(unsigned char dat)
{
    LCD1602_RS = 1;
    LCD1602_delay_ms(1);
    LCD1602_PORT = dat;
    LCD1602_EN = 1;
```

```
    LCD1602_delay_ms(1);
    LCD1602_EN = 0;
}
//**************************************************
// 连续写字符
//**************************************************
void LCD1602_write_word(unsigned char *s)
{
    while(*s>0)
    {
            LCD1602_write_data(*s);
            s++;
    }
}
void delay(unsigned int a)
{
 while(a--);
}
void Init_LCD1602()
{
    LCD1602_EN = 0;
    LCD1602_RW = 0;                                      // 设置为写状态
    LCD1602_write_com(0x38);
delay(50); // 显示模式设定
    LCD1602_write_com(0x0c);
delay(50); // 开关显示、光标有无设置、光标闪烁设置
    LCD1602_write_com(0x06);
delay(50); // 写一个字符后指针加一
    LCD1602_write_com(0x01);
delay(50); // 清屏指令
}
```

（3）主程序的实现。

主程序的头文件 main.h 的内容如下所示。

```
#ifndef __MAIN_H__
#define __MAIN_H__
```

```c
#include <reg52.h>
//IO 设置
sbit KEY1 = P3^2;
sbit speak= P1^7;
// 函数或者变量声明
extern void Delay_ms(unsigned int n);
extern void Get_Maopi();
extern void Get_Weight();
extern void Scan_Key();
#endif
```

在主程序里面对按键的引脚和蜂鸣器的引脚进行了声明，本项目中采用的是有源蜂鸣器，驱动起来比较方便，另外在头文件中还声明了一些外部函数。

主程序 main.c 文件内容如下所示。

```c
#include "main.h"
#include "HX711.h"
#include "LCD1602.h"
unsigned long HX711_Buffer = 0;
unsigned long Weight_Maopi = 0;
long Weight_Shiwu = 0;
unsigned char flag = 0;
bit Flag_ERROR = 0;
```

// 校准参数

// 因为不同的传感器特性曲线不是很一致，因此，每一个传感器需要矫正这里这个参数才能使测量值很准确。

// 当发现测试出来的质量偏大时，增加该数值。

// 当测试出来的质量偏小时，减小该数值。

// 该值可以为小数

```c
#define GapValue 429
//***************************************************
// 主函数
//***************************************************
void main()
{
    Init_LCD1602();
    LCD1602_write_com(0x80);
```

```
LCD1602_write_word("Welcome to use!");

LCD1602_delay_ms(1000);                // 延时, 等待传感器稳定
Get_Maopi();                           // 称毛皮质量
while(1)
{
        EA = 0;
        Get_Weight();                  // 称重
        EA = 1;
        Scan_Key();
        // 显示当前质量
        if( Flag_ERROR == 1)
        {

                LCD1602_write_com(0x80+0x40);
                LCD1602_write_word("ERROR");
                speak=0;

        }
        else
        {
                speak=1;
          LCD1602_write_com(0x80+0x40);
          LCD1602_write_data(Weight_Shiwu/1000 + 0X30);
      LCD1602_write_data(Weight_Shiwu%1000/100 + 0X30);
      LCD1602_write_data(Weight_Shiwu%100/10 + 0X30);
      LCD1602_write_data(Weight_Shiwu%10 + 0X30);
                LCD1602_write_word("g");
        }
    }
}
```

可以看到在主函数里面首先初始化 LCD1602 液晶显示屏, 然后发送行显示指令选定第一行显示, 接着发送数据在第一行显示 "Welcome to use !" 字样。接着调用 Get_Maopi() 函数得到此时此刻秤盘的质量, 这个函数的具体实现如下所示。

// 获取毛皮质量
//***

```
void Get_Maopi()
{
    Weight_Maopi = HX711_Read();
}
```

我们发现这个函数非常简单，仅仅是调用了 HX711 驱动函数进行了一次 A/D 转换，然后把转换的结果放在 Weight_Maopi 这个全局变量里面，方便后面的去皮操作，所以这里实现了上电就去皮的功能。

主函数继续往下执行进入 while 死循环，在循环中调用 Get_Weight() 函数和 Scan_Key() 函数，函数内容分别如下所示。

```
// 称重
//****************************************************
void Get_Weight()
{
    Weight_Shiwu = HX711_Read();
    Weight_Shiwu = Weight_Shiwu - Weight_Maopi;              // 获取净重
    if(Weight_Shiwu > 0)
    {
        Weight_Shiwu = (unsigned int)((float)Weight_Shiwu/GapValue);       // 计算实物的实际质量
```

```
        if(Weight_Shiwu > 5000)            // 超重报警
        {
            Flag_ERROR = 1;
        }
        else
        {
            Flag_ERROR = 0;
        }
    }
    else
    {
        Weight_Shiwu = 0;
    }
```

}

在称重函数中，如果此时放有实物，Weight_Shiwu 变量里面放的就是毛皮的质量和实物的质量之和，接着减去之前获得的毛皮的质量就会得到净重。接着利用公式 Weight_Shiwu = (unsigned int)((float)Weight_Shiwu/GapValue) 来计算实物的具体质量是多少，这里要着重说一下这个公式的由来和含义。这里 GapValue 的值是 429，那么为什么我们得到的 A/D 转换后的数字量的值直接除以 429 就得到质量值了呢？要想理解这个问题我们要从选用的压力传感器的量程特性说起。我们选用的是 5 kg 的压力传感器模块，也就是说在这个质量范围内压力传感器的输出电压和质量值是呈线性关系的，我们的目的就是找到这个比例系数 K，在电路图中利用 HX711 给电桥电路提供 4.3 V 的基准电压，由于电桥的输出比例是 1 mV/V，所以最大的输出电压就是 4.3 mV

同时 A/D 转换模块的基准电压也是 4.3 V。理解了这些之后如何把 A/D 转换值反向转换为质量值呢？假设质量为 A kg（$A<5$），测量出来的 A/D 转换值为 y; 那么传感器输出发送给 A/D 转换模块的电压为 $A \times 4.3 / 5 = 0.86A$（mV），经过 128 倍增益后为 $128 \times 0.86A = 110.08A$（mV），转换为 24 bit 数字信号为 $110.08A \times 2^{24} /4\,300 = 429\,496.729\,6A$，所以 $y = 429\,496.729\,6A$，因此得出 $A = y / 429\,496.729\,6$。此时 A 对应的是 kg，所以对应 g 的比例系数是 429，所以得出程序中计算公式：

$$\text{Weight\_Shiwu} = (unsigned\ int)((float)\text{Weight\_Shiwu}/429) \qquad （3-1）$$

经过这个公式计算后最终 Weight_Shiwu 这个变量里面放的就是重物的质量值，单位为 g；如果没有放重物，Weight_Shiwu 和 Weight_Maopi 两个变量是相等的，那么它们相减之后的差就是 0，下面的 if 语句就不会被执行。

另外如果算出来的质量值大于 5 000 就会触发报警装置，把报警标志位置位。如果标志位为 1 就会在 LCD1602 液晶屏的第二行显示 "ERROR" 的字样并触发蜂鸣器报警。如果没有超过量程就会调用液晶显示模块函数在第二行相应位置显示质量值。另外在主函数 while 循环中循环调用 Scan_Key() 函数来监测按键是否被按下来实现去皮功能。Scan_key() 函数内容如下所示。

```
// 扫描按键
void Scan_Key()
{
    if(KEY1 == 0)
    {
        LCD1602_delay_ms(5);
        if(KEY1 == 0)
        {
            while(KEY1 == 0);
            Get_Maopi();                    // 去皮
        }
```

```
    }
}
```

函数内容比较简单，即按下按键就会调用 Get_Maopi() 函数把此时此刻秤盘上的重物当作毛皮去掉。

七、加上计价功能和显示功能的电子秤程序设计

以上程序仅仅实现了基本的称重功能和上电去皮及按键去皮功能，为了让电子秤功能更加完善，下面对程序进行一定的扩展，可以加上计价功能和显示功能。

那就需要添加矩阵键盘扫描程序和单价显示程序等，下面我们一起来看看从程序上如何实现。

```c
#ifndef __price_4x4__
#define __price_4x4__
#include <reg52.h>
#include <intrins.h>
sbit KEY_IN_1 = P2^4;
sbit KEY_IN_2 = P2^5;
sbit KEY_IN_3 = P2^6;
sbit KEY_IN_4 = P2^7;
sbit KEY_OUT_1 = P2^3;
sbit KEY_OUT_2 = P2^2;
sbit KEY_OUT_3 = P2^1;
sbit KEY_OUT_4 = P2^0;
#define uchar unsigned char  // 无符号字符型宏定义，变量范围 0 ～ 255
#define uint  unsigned int   // 无符号整型宏定义，变量范围 0 ～ 65 535
#define ulong unsigned long
extern void  KeyDriver();
extern void KeyScan();
#endif
```

矩阵键盘头文件里面添加一些矩阵键盘引脚的声明，根据具体需要自己修改即可，另外添加一些宏定义，方便后续程序的书写和一些函数的声明。

矩阵键盘 .c 文件的内容如下：

```c
#include "price_4x4.h"
#include "HX711.h"
#include "LCD1602.h"
#include "main.h"
```

```
long weight;
uint temp,qi_weight;
ulong price;
uchar flag_p;
unsigned char KeySta[4][4] = {
    {1,1,1,1},{1,1,1,1},{1,1,1,1},{1,1,1,1}
    };
unsigned char code KeyCodeMap[4][4] = { // 矩阵按键编号到标准键盘键码的映射表
    { 1, 2, 3, 12}, // 数字键 1、数字键 2、数字键 3、A 键去皮
    { 4, 5, 6, 13}, // 数字键 4、数字键 5、数字键 6、B 键清除单价
    { 7, 8, 9, 14}, // 数字键 7、数字键 8、数字键 9、C 键校准按键
    { 10,0,11, 15}  //* 键无定义、数字键 0、# 为小数点、D 键校准按键
    };
void KeyAction(unsigned char keycode)
{
    if(keycode <= 9)    // 数字键
    {
            if(flag_p >= 4)
                    flag_p = 0;
            if(flag_p == 0)
                    price = keycode;
            else
                    price = price * 10 + keycode;

            write_sfm4_price(1,3,price);
            flag_p++;
    }
    if(keycode == 13)    // 删除键
    {
            if(price != 0)
            {
                    flag_p--;
                    price /= 10;
                    write_sfm4_price(1,3,price);
            }
    }
```

```
        if(keycode == 12)   // 去皮
        {
                Get_Maopi();
        }
        if(keycode == 14)   // 价格清零
        {
                flag_p = 0;
                price = 0;
                write_sfm4_price(1,3,price);
        }
}
void  KeyDriver()
{
    unsigned char i, j;
    static    unsigned char backup [4][4] = {
    {1,1,1,1},{1,1,1,1},{1,1,1,1},{1,1,1,1}
    };
    for(i=0; i<4; i++)
        {
                for(j=0; j<4; j++)
                {
                        if(backup[i][j] != KeySta[i][j])
                        {
                                if(backup[i][j] == 0)
                                {
                                        KeyAction(KeyCodeMap[i][j]);
                                }
                                backup[i][j] = KeySta[i][j];
                        }
                }
        }
}
/* 按键扫描函数，需在定时中断中调用，推荐调用间隔 1 ms */
void KeyScan()
{
    unsigned char i;
```

```
static unsigned char keyout = 0;   // 矩阵按键扫描输出索引
static unsigned char keybuf[4][4] = {  // 矩阵按键扫描缓冲区
    {0xFF, 0xFF, 0xFF, 0xFF}, {0xFF, 0xFF, 0xFF, 0xFF},
    {0xFF, 0xFF, 0xFF, 0xFF}, {0xFF, 0xFF, 0xFF, 0xFF}
};
// 将一行的 4 个按键值移入缓冲区
keybuf[keyout][0] = (keybuf[keyout][0] << 1) | KEY_IN_1;
keybuf[keyout][1] = (keybuf[keyout][1] << 1) | KEY_IN_2;
keybuf[keyout][2] = (keybuf[keyout][2] << 1) | KEY_IN_3;
keybuf[keyout][3] = (keybuf[keyout][3] << 1) | KEY_IN_4;
// 消抖后更新按键状态
for (i=0; i<4; i++)  // 每行 4 个按键，所以循环 4 次
{
    if ((keybuf[keyout][i] & 0x0F) == 0x00)
        {  // 连续 4 次扫描值为 0，即 4×4 ms 内都是按下状态时，可认为按键已稳定地
按下

        KeySta[keyout][i] = 0;
        }
    else if ((keybuf[keyout][i] & 0x0F) == 0x0F)
        {  // 连续 4 次扫描值为 1，即 4×4 ms 内都是弹起状态时，可认为按键已稳定地
弹起

        KeySta[keyout][i] = 1;
        }
}
// 执行下一次扫描输出
keyout++;              // 输出索引递增
keyout = keyout & 0x03; // 索引值加到 4 即归零
switch (keyout)        // 根据索引，释放当前输出引脚，拉低下次的输出引脚
{
    case 0: KEY_OUT_4 = 1; KEY_OUT_1 = 0; break;
    case 1: KEY_OUT_1 = 1; KEY_OUT_2 = 0; break;
    case 2: KEY_OUT_2 = 1; KEY_OUT_3 = 0; break;
    case 3: KEY_OUT_3 = 1; KEY_OUT_4 = 0; break;
    default: break;
}
}
```

另外在主函数里面要添加定时器的设置程序和中断函数，在中断函数里循环执行 KeyScan()；动态扫描矩阵键盘的状态，然后在主函数 while 循环里执行 KeyDriver() 函数，这个函数会根据按下的按键值来确定是按下的数字键 1~9 设置单价还是删除键删除单价。至于最终的显示总价的函数就非常简单了，根据需要可以决定设置的单价是以市斤为单位还是以千克为单位，最终计算出的结果可以直接显示在 LCD1602 液晶显示屏的相应位置。

全部程序见附录。

八、升级版电子秤程序设计

前面的电子秤设计方案仅仅实现了基本的功能，而且计算质量时的比例系数取的是固定值 429，在实际应用中由于压力传感器产品的差异，可能造成这个比例系数并不是一个固定的值。另外取质量值时前面方案也没有对数据进行滤波处理和多次取值的处理，这就可能造成电子秤的精度不够。在升级版的程序中加入了出厂标定和实际应用中标定的功能，让程序自己计算出比例系数而不是给一个固定的值。另外程序对显示模块也进行了升级，由原来的 LCD1602 液晶显示屏替换成了显示内容更加丰富的 OLED 液晶显示屏。除此之外，还增加了电池电量的显示功能，主控芯片也由原来的 89C52 单片机换成了性能更加优异的 STC15 系列单片机，提高了整个系统的性能。接下来就分模块介绍具体的设计思路和最终的程序实现。

STC15W4K32S4 系列单片机是 STC 生产的单时钟 / 机器周期（1T）的单片机，是宽电压、高速、高可靠、低功耗、超强抗干扰的新一代 8051 单片机，采用 STC 第九代加密技术，无法解密，指令代码完全兼容传统 8051，但速度快 8~12 倍。内部集成高度 R/C 时钟（±0.3%），±1% 温飘（−40 ～ +85 ℃），常温下温飘 ±0.6%(−20 ～ +65 ℃)，ISP 编程时 5 ～ 30 MHz 宽范围可设置，可彻底省掉外部昂贵的晶振和外部复位电路（内部已集成高可靠复位电路，ISP 编程时 16 级复位门槛电压可选）。内置 8 路 10 位 PWM，8 路高速 10 位 A/D 转换 (30 万次 /s)，4kB 字节大容量 SRAM，4 组独立的高速异步串行通信端口（UART1/UART2/UART3/UART4），1 组高速同步串行通信端口 SPI，针对多串行口通信、电机控制、强干扰场合。

STC15W4K32S4 系列单片机的内部结构框图如图 3-19 所示。

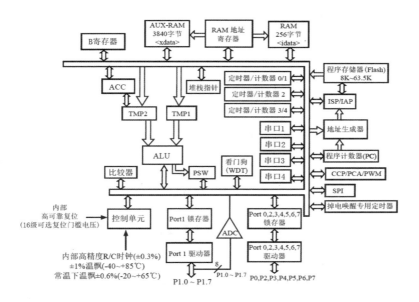

图 3-19　STC15W4K32S4 系列单片机的内部结构框图

STC15W4K32S4 系列单片机中包含中央处理器 (CPU)、程序存储器 (Flash)、数据存储器 (SRAM)、定时器 / 计数器、掉电唤醒专用定时器、I/O 口、高速 A/D 转换、比较器、看门狗、UART 高速异步串行通信口 1、串口 2、串口 3、串口 4、CCP/PCA/PWM、高速同步串行通信端口 SPI、片内高精度 R/C 时钟及高可靠复位等模块。STC15W4K32S4 系列单片机几乎包含了数据采集和控制中所需要的所有单元模块，可称得上是一个真正的片上系统。

本项目中 STC15 单片机控制系统电路图如图 3-20 所示。

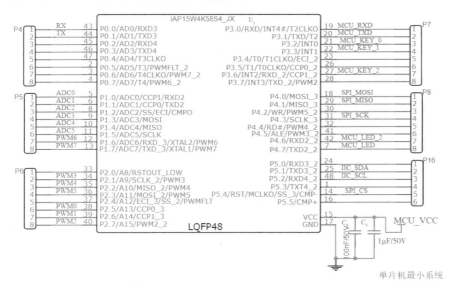

（a）单片机最小系统

图 3-20　STC15 单片机控制系统电路图

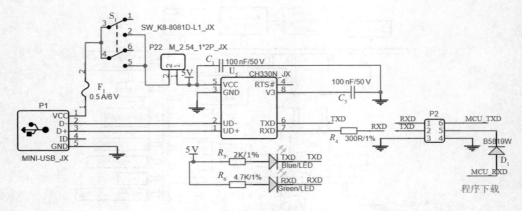

（b）单片机程序下载电路

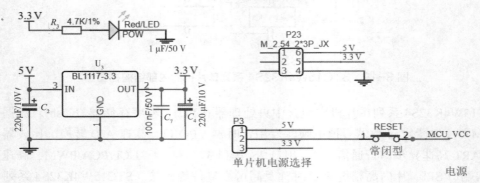

（c）单片机电源电路

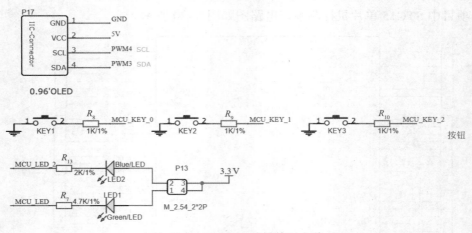

（d）OLED、LED、按键接口电路

图 3-20　STC15 单片机控制系统电路图（续）

　　整个单片机控制系统包含三个独立按键和两个 IO 控制的 LED 灯，以及程序下载模块和电源选择模块。系统的供电电压可以通过跳线帽来选择是 5 V 供电还是 3.3 V 供电的模式。另外系统还有 IIC 接口的 0.96 in（1 in≈2.54 cm）OLED 模块方便后续进行电子秤信息的显示。

由于后续的电子秤方案中用到了 STC15 系列单片机的内部 EEPROM 的读写以及低功耗模式和 ADC 转换的知识，所以先对涉及的这些信息进行学习是非常有必要的，下面就针对项目中用到的这些知识并通过官方的数据手册在分析程序的时候分别介绍 STC15 系列单片机这些内部模块的原理和如何操作这些内部模块。

在前面的电子秤程序中，计算放在秤盘上物体质量时用的比例系数是固定值 429，但是在实际应用中由于制造工艺的差异会使这个比例系数存在偏差，那么整个电子秤的准确度就会受到影响。为了修正上述偏差，我们采用编程的方法自动计算出这个比例系数，这就是电子秤的按键标定功能。

主函数的内容如下所示：

```
#include "STC15W.h"
#include "intrins.h"
#include "Uart_1.h"
#include "OLED_IIC.h"
#include "HX711.h"
#include "T4_Key.h"
#include "ADC.h"
#include "IAP_EEPROM.h"
#define Tare        EEROM_20Long[0] // 校准用，皮重
#define BGA_EEPROM  EEROM_20Long[1] // 在 5 V 供电下，校准的内部 BGA 参数
#define First_ON    EEROM_20Long[2] /* 第一次开机标志位，若不是 88 则表示第
一次开机，用于批量生产 */
#define Weight_500g EEROM_20Long[3] //500 g 标定时候的 ADC 数值
extern bit Key_1, Key_2, Key_3;/* 三个按键的状态，全局变量 1 表示按下，每次用过
之后需要手动置零 */
extern unsigned int Battery_Now;// 计算出来的当前电池电压
long EEROM_20Long[20];// 用于掉电保存的数值，每次烧写过后可能会归零
unsigned char Work_Count=0;// 放在定时器里面，每 50 ms 进行一次显示，称重
unsigned int Low_Power = 0;/* 放到定时器里面，进行关机检测，30 s 质量没有变化
后进入低功耗模式 */
static float Weight_Coe=0.00000;// 全局变量，称重时参考的质量系数
static float Tare_Coe=0.00000;// 全局变量，皮重放大 1 000 倍之后的数值
static unsigned int Weight_30S_1, Weight_30S_2;/*30 s 读取一次质量，然后比较，若
两次相同则进入低功耗 */
static unsigned char Power_Down_F=0;/* 单片机掉电标志位，用于掉电重启后初始化
所有设备 */
unsigned int Get_Bat(void);// 获取电池电压，50 次平均值
```

```c
unsigned int  Get_Weight(void);// 读取 HX711，去皮后的质量，精确到 g
void Get_Weight_Coe(void);// 根据校准的数值，计算出称重系数
void main(void)
{
    unsigned int Main_Loop=0;// 在主函数里面用的，循环时控制循环次数的变量

    P0M1=0;P0M0=0;P1M1=0;P1M0=0;
    P2M1=0;P2M0=0;P3M1=0;P3M0=0;
    P4M1=0;P4M0=0;P5M1=0;P5M0=0;// 上电初始化所有 IO 口为普通 IO
    Init_Uart1();// 初始化串口 1，9 600 bps
    OLED_Init();  //OLED 初始化
    Init_T4();// 初始化 T4，用于按键检测
    Init_HX711();
    Init_ADC();// 初始化 ADC
    EA = 1;// 打开单片机全局中断
    Re_20_Long(0XD3B8,EEROM_20Long);// 读取所有的掉电保存数据到内存里
    Delay1ms(10);
    if(First_ON != 88)// 若检测到第一次开机情况，表示需要校准，用于批量生产时
    {
            LED2 = 0;// 灯亮
            First_ON = 88;
            Main_Loop = 10;
            while(Main_Loop--)
                    Tare = Read_24Bit_AD();// 读取出 HX711 的数据，5 V 情况下
            Main_Loop = 10;
            while(Main_Loop--)
                    BGA_EEPROM = Get_BGA();// 在 5 V 供电情况下，保存 BGA 参数
            Wr_20_Long(0XD3B8,EEROM_20Long);// 保存数据到 EEPROM 中
            LED2 = 1;// 灯灭
    }
    else
            Get_Weight_Coe();// 依据 EEPROM 内容，计算称重系数
    //-----------------------------------------------------------//
    LED2 = 0;// 灯亮
    Main_Loop = 10;// 开机自动读取一次当前皮重。
    while(Main_Loop--)// 连续读取 10 次，因为 HX711 读取程序里有软件滤波器，这
```

样做更接近真实值

```
        Tare_Coe = Read_24Bit_AD();// 读取出皮重的 ADC 数据
Tare_Coe *= Weight_Coe;
LED2 = 1;// 关灯
//------------------------------------------------//
while(1)
{
        if(Key_1)// 去皮后的值保存到 EEPROM 里面，必须在 5 V 环境下校准专用
        {
                Key_1 = 0;
                LED2 = 0;// 灯亮
                Main_Loop = 10;
                while(Main_Loop--)
                        Tare = Read_24Bit_AD();// 读取出 HX711 的数据，5 V 情况下
                Main_Loop = 10;
                while(Main_Loop--)
                        BGA_EEPROM = Get_BGA();// 在 5 V 供电情况下，保存 BGA 参数
                Wr_20_Long(0XD3B8，EEROM_20Long);// 保存数据到 EEPROM 中
                LED2 = 1;// 关灯
        }

        if(Key_2)// 放上一个 500 g 砝码，用于校准误差，必须在 5 V 供电环境下
        {
                Key_2 = 0;
                LED2 = 0;// 灯亮
                Main_Loop = 10;
                while(Main_Loop--)
                        Weight_500g = Read_24Bit_AD();// 读取出 500 g 的数据
                Weight_Coe = Weight_500g – Tare;// 除去皮重的 ADC 数值
                Weight_Coe = 500000 / Weight_Coe;// 放大 1 000 倍的斜率
                Tare_Coe = Weight_Coe * Tare;// 皮重放大 1 000 倍之后的数值
                Wr_20_Long(0XD3B8，EEROM_20Long);// 保存数据到 EEPROM 中
                LED2 = 1;
        }

        if(Key_3)// 正常的去皮，计算的数值不保存到 EEPROM 里面
```

```
{
        Key_3 = 0;
        LED2 = 0;
        Main_Loop = 10;
        while(Main_Loop--)
                Tare_Coe = Read_24Bit_AD();// 读取皮重的 ADC 数据
        Tare_Coe *= Weight_Coe;
        LED2 = 1;
}

// 定时器控制的子程序，每 150 ms 调用一次
if(Work_Count == 4)
{
        OLED_ShowNum(7*9，2，Get_Bat()，4，16);// 显示电池电压
        Weight_30S_1 = Get_Weight();/* 每一次称重，都要更新一下用于
        低功耗的数据 */
        OLED_ShowNum(7*8，4，Weight_30S_1，4，16);//OLED 显示质量
        Work_Count = 0;
        if(Weight_30S_1 == Weight_30S_2)
        {
                Low_Power ++;
        }
        else
        {
                Weight_30S_2 = Weight_30S_1;
                Low_Power = 0;
        }
}
if(Low_Power > 150)
{
        OLED_Power_Down();//OLED 进入低功耗模式
        INT_CLKO |= 0X10;// 使能 INT2 中断，主要用于唤醒单片机
        // 所有 IO 口设置为高阻输入
        P0M1=0;P0M0=0;P1M1=0;P1M0=0;
        P2M1=0;P2M0=0;P3M1=0;P3M0=0;
```

```
            P4M1=0;P4M0=0;P5M1=0;P5M0=0;
            P0 = 0xff;P1 = 0xff;P2 = 0xff;
            P3 = 0xff;P4 = 0xff;P5 = 0xff;
            Power_Down_F = 0;
            PCON |= 0X02;// 单片机进入停机模式
            while(1)
            {
                    if(Power_Down_F)
                            IAP_CONTR = 0x20;
            }
        }
    }
}
// 获取电池电压，50 次平均值
unsigned int Get_Bat(void)
{
    unsigned char i=50;
    unsigned long  dat=0;
    while(i--)
    {
            Get_Vol();// 主要是为了获取电池电压
            dat += Battery_Now;
    }
    dat /= 50;
    dat /= 100;/* 特意忽略电压的最后两位，表示以 V 为单位的电压保留一位小数，
    比如 3 800 mV，即 3.8 V*/
    dat *= 100;
    return dat;
}
// 读取 HX711，去皮后的质量，精确到 g
unsigned int Get_Weight(void)
{
    float dat;
    unsigned long dat2;
    dat = Read_24Bit_AD();
    dat *= Weight_Coe;// 计算出当前质量
```

```
    dat –= Tare_Coe;// 减去皮重
    if(dat<0)
            dat = 0;
    dat2 = dat;
    dat2 /= 100;// 准备四舍五入，因为放大了 100 倍，所以现在保留了小数点后一位
    if((dat2 % 10) > 5)
    {
            dat2 /= 10;
            dat2 += 1;
    }
    else
    {
            dat2 /= 10;
    }
    return dat2;
}
// 根据校准的数值，计算出称重系数
void Get_Weight_Coe(void)
{
    Weight_Coe = Weight_500g – Tare;// 除去皮重的 ADC 数值
    Weight_Coe = 500000 / Weight_Coe;// 放大 1 000 倍的斜率
    Tare_Coe = Weight_Coe * Tare;// 皮重放大 1 000 倍之后的数值
}
//
// 外部中断入口，主要用于掉电唤醒
void EX_Int2(void) interrupt 10        //INT2
{
 Power_Down_F = 1 ;
}
```

对主函数的分析。首先分析标定参数的功能，这里实现了对产品第一次开机校准去皮的功能。这里用到了一个函数 void Re_20_Long（unsigned int addr，long *dat），该函数实现的功能就是在 EEPROM 里面一次性读取 20 个 Long 数据，我们声明了四个变量来掉电不丢失地保存电子秤此时的状态，这四个变量分别是校准时用的皮重参数、在 5 V 供电下校准的内部 BGA 参数（指示当前电池电量）、第一次开机标志位（如果不是 88 则表示第一次开机）、500 g 标定时的 ADC 数值。

在初次上电的时候我们得到的数组元素 EEROM_20Long[2] 的值肯定不是 88，那么

就会执行 if 语句，即循环取 10 次 HX711 里面的数据。这里要注意这个函数对数据进行了软件滤波的处理，它会让数据更加准确。具体来说就是 long Read_24Bit_AD（void）函数对采集的数据进行了数字一阶滤波器的滤波处理，假设滤波系数 A 小于 1，上一次采集的数值为 B，那么本次采集的数值为 C，最终滤波后的结果 out = $BA + C（1-A）$，详细的理论知识大家可以参考相关的教材，这里不再赘述，加入滤波处理之后会让我们的程序更加精确。这里采集完数据后把此时得到的 ADC 值作为皮重保留下来，然后和此时电池电量的值及 88 这个标志位都回写到 EEPORM 中，方便下次应用，这就实现了出厂的第一次去皮标定功能。我们第一次使用电子秤的时候需要先在电子秤上放一个 500 g 的砝码，然后按下 Key2 键对电子秤进行标定。这部分的代码如下所示。

```
if（Key_2)// 放上一个 500 g 砝码，用于校准误差，必须在 5 V 供电环境下
        {
                Key_2 = 0;
                LED2 = 0;// 灯亮
                Main_Loop = 10;
                while(Main_Loop--)
                        Weight_500g = Read_24Bit_AD();// 读取 500 g 的数据
        Weight_Coe = Weight_500g – Tare;// 除去皮重的 ADC 数值
        Weight_Coe = 500000 / Weight_Coe;// 放大 1 000 倍的斜率
        Tare_Coe = Weight_Coe * Tare;// 皮重放大 1 000 倍之后的数值
        Wr_20_Long(0XD3B8,EEROM_20Long);// 保存数据到 EEPROM 中
        LED2 = 1;

        }
```

通过标定就可以利用程序计算出皮重和称重系数。

另外 Key1 的功能是对皮重重新标定，假设你在使用过程中换了一个秤盘，需要重新对秤盘进行标定就可以利用这个功能。Key3 的功能就是正常的去皮功能了，这里要注意正常的去皮计算的数值是不保存到 EEPROM 里面的。主程序的结构就如上所分析的，其他模块的 .c 和 .h 文件详细内容请参照相关教材配套程序。

九、问题与讨论

（1）应变式压力传感器或电子秤加上其他电子模块就是新产品吗？

（2）你能否在基础电子秤的基础上，加上其他电子模块，从而增加一些新功能，或者是设计一个新产品？

（3）请同学们相互分组讨论：硬件功能如何实现？软件编程如何修改并实现功能？

项目二 智能蓝牙手环的设计

知识目标

掌握蓝牙智能手环的硬件电路设计方法。

能力目标

1. 学会合理选择电子模块。
2. 初步掌握蓝牙智能手环设计软件调试的方法。

一、设计目标

近年来，智能手环在青少年中广受欢迎，下面我们一起来学习如何设计一款智能蓝牙手环，它主要具有以下功能：检测心率、计步、检测外界环境、显示时间等，同时具有按键调整功能，可对当前时间、步数等数据进行调整，能利用蓝牙模块终端与手机通信，具有便携、高性能、低功耗等基本特点。

二、硬件设计方案各个模块的分析

因为我们需要先明确设计目标，再根据需要自行选择模块，所以我们仍然采用自顶向下的设计方法。

智能手环等设备给人们的生活带来了便捷，目前市场上有很多类型的智能手环。

由于该设计方案相对较为复杂，我们需要分析其主要模块。

心率传感器（见图 3-21）有红外心率传感器、透射型光电式传感器等类型。

红外心率传感器利用内部红外对管进行血流的检测，红外模块检测心率信号抗干扰能力强，并且该模块内部集成了信号放大电路、滤波电路、整形输出电路等，输出波形也很好；透射型光电式传感器由光电传感器顶部的红外发射二极管发出红外线，由于红外线穿透能力强，通过手指透射进血液循环，由于血管随心跳不断舒张和收缩，所以手指内的血液浓度在变化时，底部的红外接收二极管接收到信号，从而产生不同的光电信号，但是耗电量比较大些。

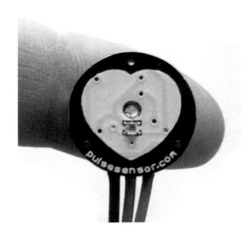

图 3-21　心率传感器实物图

经过比较我们最终选择了红外心率传感器，因为该传感器是一款反射式的心率传感器，可适用于身体多个部位测量，且功耗极低。而透射型光电式的传感器仅可以通过手指测量心率和脉搏。

计步传感器：常见的计步采集模块也有两种方案：一是机械式振动传感器；二是数字式加速度传感器。

机械式振动传感器内部有平衡锤，如果传感器振动，就会失去平衡，传感器内部上下接点就会断开，用户在行走或奔跑时身体重心发生变化，传感器将这一变化转换成数字量送到控制器，主控制系统将感知传感器的振动信号以计算用户的移动信息。机械式振动传感器具有原理简单和成本低廉等优点，但传感器必须转换成外部线路，其精确度较低，只适用于振幅较大的产品。

数字加速度传感器（如 ADXL345 等）的特点是其体积小及能耗低。加速度传感器通过在空间位置的三个垂直方向上的加速度转换分量来改变内部电阻或电压。步行时，身体会上升或下降，该传感器内部的三组数据会被单片机所读取到，进而对数据进行分析处理。ADXL345 数字传感器具有高精度、紧凑型、高速反应等优点，因此广泛应用于各种产品中。

通过对两种传感器的描述，数字式传感器更适合本设计使用。

单片机：核心控制器采用的是 STM32F103C8T6 单片机（见图 3-22），这是基于 Cortex-M3 内核的一款控制器，最高主频可达 72 MHz，且是一款超低功耗的产品，只需供电电压在 3.0 ～ 3.6 V 之间即可。

图 3-22　STM32F103C8T6 最小系统板实物图

　　蓝牙模块：结合系统的低功耗需求选择的是 BT06，该模块是透传模块，采用串口通信方式，可变波特率，非常适用于较小独立系统，短距离的通信设备中也常用。

　　显示模块：采用低功耗的显示屏 OLED12864，该显示模块基于 SSD1306 芯片驱动。数据通信采用 IIC 接口驱动显示，具有数据通信简单等特点。OLED 的优点是它采用的是二极管自行发光器件，不需要背光电源，可以通过软件控制，其工作电压在 3.3 ～ 5.0 V之间，占地小，显示效果好，色彩丰富。所以比采用单色液晶 LCD1602 显示屏更合适。

三、确定硬件设计方案

　　要实现设计所需的要求，对照其器件的特性、性价比、稳定性等因素，选择出了该设计的硬件方案（见图 3-23）。

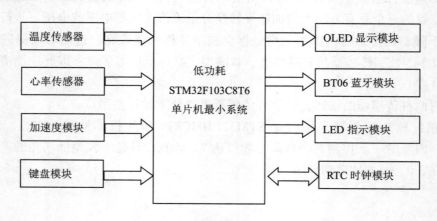

图 3-23　硬件框图

　　确定的方案如下：将 STM32F10C3C8T6 单片机作为系统控制器单元；利用

ADXL345 加速度传感器实现使用者的计步功能；使用 DS18B20 温度采集传感器完成环境温度或者人体温度的采集；利用 Pulse Sensor 心率传感器实现心率测量，通过 STM32 内部 A/D 转换器实现 A/D 转换从而计算出实际心率；通过 STM32F103C8T6 内部的 RTC 时钟实现实时时钟的读取，并且通过 OLED 显示屏实时显示当前数据，同时具有按键切换显示和清除步数等功能；利用 BT06 蓝牙模块连接 STM32F103C8T6 串口实现与手机 app 的数据通信。综上所述，整个硬件部分主要由 STM32F103C8T6 单片机最小系统、DS18B20 温度传感器模块、心率传感器模块、AD 模数转换模块、时钟模块、键盘模块、蓝牙模块、OLED 液晶显示模块、计步模块、LED 指示模块等组成。

四、主要模块电路设计

由于本设计相对于前面的设计要复杂得多，用到的模块也多，所以我们对主要模块的引脚连接进行介绍。由于不同传感器的引脚是不一样的，为了方便学习，我们按照自己的理解先选择一种传感器模块，来说明如何连接硬件电路和如何进行软件程序调试，如您选择其他传感器模块也是没有问题的，只需要在硬件电路和软件程序上适当调整即可。

（一）电源模块

本设计对电源的要求不是很高，基本的 5 V USB 或者四节 1.5 V 干电池即可完成供电，实际应用中可使用体积更小的锂电池。

本设计采用 USB 电源线供电，图 3-24 为电源接口及开关控制电路图。P4 为电源 DC 插口，2，3 脚接地线，1 脚接到开关控制脚，通过开关 P3 控制电源的通断，输出到 VCC 为系统供电，供电电压为 5 V。

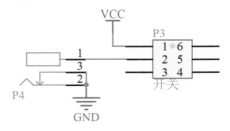

图 3-24　电源接口及开关控制电路图

电路中选用 USB 线，供电电源为直流 5 V，由于 STM32 主控制芯片正常工作电压为 3.3 V，所以我们要将 5 V 的供电转换为 3.3 V 为单片机供电。本设计采用的是 STM32F103C8T6 最小系统开发板，开发板内置了稳压芯片 ME6211。该芯片可以实现把 5 V 的输入转化为 3.3 V 的功能，如图 3-25 所示，P11 为电路上的电源 DC 插口，电源正极接开关，通过开关控制电源的通断，按下开关系统板通电，输入到其他外设以及稳压芯片 ME6211-3.3，通过输出脚输出稳定电压 3.3 V。

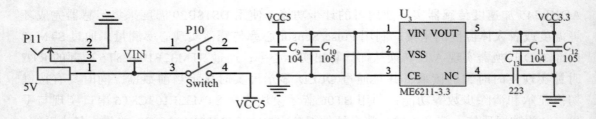

图 3-25　稳压电路设计图

（二）单片机模块

整个系统的核心是微处理器，它等同于整个系统的"控制中心"，控制着所有传感器的运行，本设计将 STM32F103C8T6 单片机作为系统控制器单元，图 3-26 为 STM32F103C8T6 的最小系统电路图和模块内部电路图。

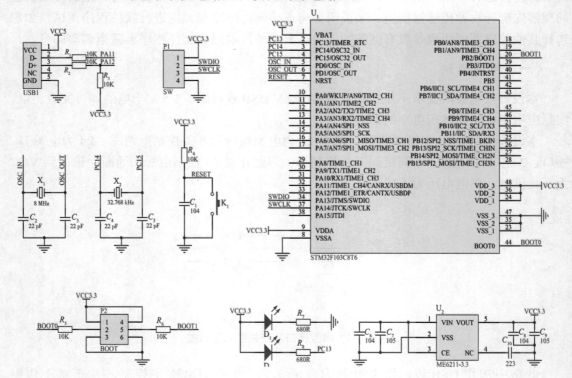

图 3-26　STM32F103C8T6 最小系统板电路图

（三）心率传感器模块

本设计采用 Pulse Sensor 心率传感器模块，该传感器是一款光电式传感器，光反射信号会被检测到，经过模块内部放大、整形、滤波等处理，最终从输出脚输出模拟信号。通过 A/D 转换器可得到心率波形的采集结果和心率的计算结果。由于本设计将

STM32F103C8T6 芯片作为主控制器，该芯片有 1 个 16 通道的 12 位 A/D 转换器，可利用该 A/D 转换器直接读取心率传感器的内部信号，将模拟量转换为数字量，最终通过心率算法计算出心率，传感器电路设计图如图 3-27 所示。

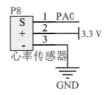

图 3-27 Pulse Sensor 传感器电路设计图

此次设计的蓝牙智能手环具有实时时钟功能，STM32F103C8T6 芯片具有内部 RTC 实时时钟功能，STM32 RTC 实时时钟是独立定时器。实时时钟功能都是具有掉电走时的，完成掉电走时是在 STM32 的后备寄存器进行处理的，即在 STM32 的 VBAT 引脚加上一个纽扣电池。

图 3-28 为本设计的 RTC 时钟电路设计图，当系统上电时，3.3 V 电源通过 D1IN4148 二极管，二极管具有单向导电性，该二极管导通，STM32 的 VBAT 脚通电，T_1 为纽扣电池，此时通过 D_2 二极管，由于 D_1 的作用，此时 D_2 处于截止状态，故系统上电时 VBAT 由系统供电。

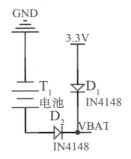

图 3-28 RTC 时钟电路设计图

（四）OLED 显示模块

本设计将低功耗的 0.96 in（1 in≈2.54 cm）OLED 显示屏当作设备显示器。该 OLED 具有轻薄、功耗低的特点，在 MP3 播放器上被广泛应用，由于其功耗低，在其他可穿戴式产品上也相继被使用。该 OLED 具有多种驱动方式，常用的方式有 SPI 和 IIC 驱动，本次采用 IIC 接口的方式，IIC 只需要两根数据线即可驱动显示，原理十分简单。模块中不包含任何字符。若要显示字母、数字或汉字，则需要创建字符库。

图 3-29 显示了 OLED 的电路设计。该模块的引脚共有 4 个，VCC 接 3.3 V 供电电源，GND 接地线，SCL 接 STM32F103C8T6 的 IIC SCL 引脚 PB6，SDA 接 STM32F103C8T6 的 IIC SDA 引脚 PB7，如图 3-30 所示。

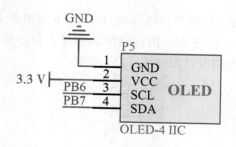

图 3-29 OLED 电路设计图

（五）加速度模块

本设计将 ADXL345 作为计步传感器，这是一款集三轴加速度、三轴角度测量于一体的传感器。设计中通过读取其三轴角度的信息，利用数据分析、算法等方式将其转换为步数信息，用于计步。

ADXL345 传感器检测的数据以电压的方式输出，最终通过内部芯片将模拟量读取，通过数字接口输出实际数据。本设计采用的是 CY-291 ADXL345 模块，该模块已经集成了 ADXL345 芯片的功能，需要关注其内部工作原理。设计中将模块的数据接口接到单片机，可通过单片机程序来读写 ADXL345 的三轴加速度数据。

图 3-30 是 ADXL345 模块接口电路设计图。图中 P3 为模块的接口引脚，模块一共有 8 个引脚，分别是 GND、VCC、CS、INT1、INT2、SDO、SDA、SCL。本设计主要是读取三轴加速度数据，故采用串行两线通信接口 SDA（IIC 数据）和 SCL（IIC 时钟），两脚分别接 STM32 的硬件 IIC 接口 PB10、PB11，模块电源接 5 V 供电。

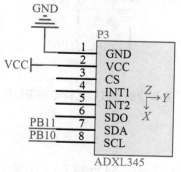

图 3-30 ADXL345 模块接口电路设计图

（六）温度传感器模块

本设计利用 DS18B20 传感器测量温度，采用的是插件式 DS18B20 传感器。该传感器有 3 个引脚，电路设计简单。传感器的工作电压范围为 3.0 ～ 5 V，温度范围为 –55 ～ 125℃，精度为 ±0.5℃，精度至少为 0.062 5℃。提供摄氏温度测量和高精度。

该设计中使用的 DS18B20 传感器封装图如图 3–31 所示。

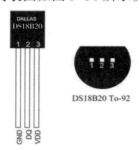

图 3–31 DS18B20 传感器封装图

DS18B20 传感器有三个引脚，其引脚定义如表 3–2 所示。

表3–2 DS18B20引脚定义

引脚	定 义
GND	电源负极
DQ	信号输入输出
VDD	电源正极

设计中利用 DS18B20 采集室内温度，图 3–32 为 DS18B20 传感器的电路设计图。DS18B20 是以"单总线"的方式驱动的，一根数据线既是输出也是输入。单片机通过 PA7 与 DS18B20 数据线连接，同时数据脚需要一个 10K（即 10 kΩ）电阻上拉到 3.3 V。

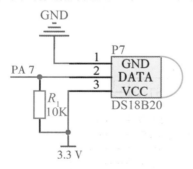

图 3–32 DS18B20 传感器的电路设计图

（七）键盘模块

本设计利用四个独立式按键实现时间调整、步数清除、界面切换等功能。四个按键分别为设置键 / 退出键、设置加键、设置减键（清除步数键）、切换键。在主界面，按下设置减键（清除步数键）可实现手动清除步数功能。切换键可对主界面和时间日期显示界面进行切换。

图 3-33 为键盘模块电路设计图，图中四个按键一端接公共端 GND，另一端分别接单片机的 I/O。四个按键接口分别接单片机的 PB12、PB13、PB14、PB15 引脚，当单片机的相应引脚检测到低电平时，说明该引脚被触发，从而实现相应的动作。

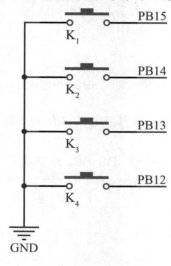

图 3-33　键盘模块电路设计图

（八）蓝牙模块

本设计利用 BT06 蓝牙模块串口通信将数据直接发送至相应的 app。STM32F103C8T6 单片机具有三组串行接口，串口 1 与 BT06 蓝牙模块数据接口连接。STM32F103C8T6 单片机的串口 2 为 PA10（RXD）、PA9（TXD），它们分别与 BT06 蓝牙模块的 TXD、RXD 连接。图 3-34 为 BT06 蓝牙模块的电路设计图。

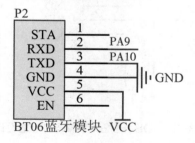

图 3-34　BT06 蓝牙模块电路设计图

五、硬件电路设计

具体硬件电路设计有电源电路设计、主控制电路设计、心率采集电路设计、RTC 时钟电路设计、OLED 显示电路设计、ADXL345 加速度传感器电路设计、DS18B20 温度传感器电路设计、键盘电路设计、BT06 蓝牙模块电路设计等。

六、软件设计

该设计主要使用 Keil5 软件编写程序和调试程序，并且程序是用 C 语言编写的，因此具有很高的可读性和可移植性。

要想实现以上功能，首先进行系统初始化，系统初始化包括各传感器配置初始化，FLASH 模拟 EEPROM 数据读取、A/D 转换配置初始化，定时器 2、定时器 3、串口配置初始化。然后进行主程序循环。主程序循环系统主要包括温度传感器数据的实时采集、实时时钟的读取、心率信号的测量。利用 A/D 转换器实现心率脉冲信号的采集，最终计算得到心率值。加速度传感器读取数据并实现算法计步。同时键盘模块子程序实时扫描，检测到切换键按下时，会切换显示。通过内部定时器定时，当定时 5 s 到后，通过蓝牙模块发送一次数据到 app 查看。在 RTC 实时时钟的作用下，当时间达到凌晨 0:00 时，会自动清零步数，并重新开始计步。程序执行到这里就完成了一次，列出整体软件设计流程图，如图 3-35 所示。

（一）计步程序的基本设计

设计中使用了 ADXL345 加速度传感器模块，用以收集三个轴上的加速度数据。通过 IIC 接口读取来自 ADXL345 的原始三轴加速度数据。IIC 总线是标准的总线接口。ADXL345 使用 IIC。IIC 接口包括 IIC 启动信号、IIC 停止信号、IIC 读取数据、IIC 写入数据、IIC 响应信号和无响应信号。图 3-36 为 ADXL345 读取三轴加速度数据流程图，

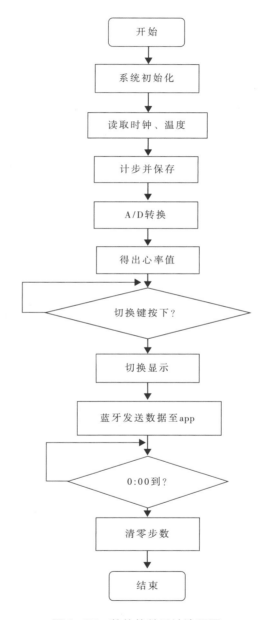

图 3-35　整体软件设计流程图

首先进行初始化配置，初始化 IIC，然后检测 ADXL345 是否存在，若存在则进入下一步。接下来循环读取数据，读取数据时，首先发送一个开始信号，发送器件地址等待响应，然

后发送寄存器地址，再次等待响应，接着发送读器件指令，等待 ADXL345 响应输出数据，三轴加速度的数据都是 16 位数据，故读取 6 次数据存在缓存区中，最终发送一次停止信号，本次读取转换完成。

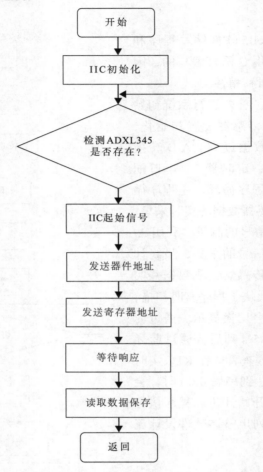

图 3-36　ADXL345 读取数据流程图

其程序源码采用模块化编写，子程序 adxl345.c 与 adxl345.h 编写完成后封装，在主函数 mian 里调用，然后用 while（ADXL345_Init（））进行 3D 加速度传感器初始化，在循环里面显示程序函数调用 OLED_ShowStr（0，0，"ADXL345 Error"，2）；再用 delay_ms（200）延时 200 ms，显示函数 OLED_ShowStr（0,0," ",2）再使用延时调用函数 delay_ms（200）进行延时后初始化完成，最后进行下一步的函数调用，直至完成。

利用计步算法，在计步算法中首先输入原始数据值 X，Y，Z，对数值进行采样滤波，分离数据，得到出现一次的数据。通过计算本次算法采样 50 次数据的动态门限和动态精度进行动态分析，通过线性移位寄存器和动态门的判断来推算步数是否加一。

（二）心率采集程序的基本设计

本设计采用 A/D 转换的原理进行心率传感器的模拟量读取，从而转换为数字量，在采集心率时，其步骤如下：先是初始化 A/D 转换器，配置好 ADC1 的通道 1，并且配置好定时器，定时 50 ms 中断，之后进入循环。在循环时定时器 50 ms 中断一次，在中断时读取一次 A/D 转换的值，将 A/D 转换的值通过串口发送至电脑上位机，通过心率算法算出其心率值，同时在 OLED 上显示出来，其代码见附录 2 源程序。

心率传感器代码写在心率子程序里面，为方便编写，采用的是库函数调用进行配置，先开时钟，然后定时器 TIM3 初始化，设置中断优先级 NVIC，定时器 2 中断服务程序为 void TIM2_IRQHandler（void），接下来写心率算法函数 void TIM3_Int_Init（u16 arr，u16 psc），定时器 3 中断服务函数的源码由开源硬件直接提供，其函数名为 void TIM3_IRQHandler（void），进行移植和修改后，完成心率采集子程序，最终在使用此模块时，直接进行配置声明和调用即可。具体如图 3-37 所示。

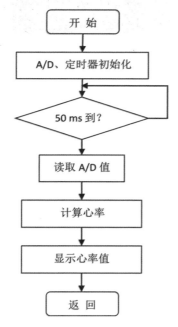

图 3-37　心率读取程序流程图

七、硬件电路的焊接

由于硬件电路是毕业设计的关键部分，也是最容易出错的部分，所以焊接过程一定要严格、细心、谨慎。

步骤 1：选择合适的部件后，检查原件设备是否完好，如功能电路是否能够使用、部件是否正常、是否可以通过仪器仪表测量相关量。

步骤 2：这部分的工序是焊接。在焊接过程中先焊接电源部分，因为电源是硬件电路的关键，不仅要分清楚电源的正负极，还要分清楚元器件引脚的正负极，完成后可以进行下一步。

步骤 3：调试核心控制部分。在焊接剩下的相关元器件时，注意芯片的引脚顺序、OLED 的正负极等关键问题，最后完成焊接，并将程序下载编译并烧录到 STM32 微处理器中。

步骤 4：首先确保所有模块都可以单独操作，然后对整个系统进行集成和组装，最后确保所有模块都能与单片机连接并正常工作。焊接完成效果图如图 3-38 所示。

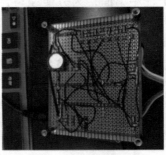

图 3-38　焊接完成效果图

八、软件调试

软件调试主要利用 Keil5。本次设计主控是基于 STM32F103C8T6 的，先写出一个个小模块，然后写出主程序，最后点击编译按钮。

点击魔法棒选项卡，设置如图 3-39 所示。

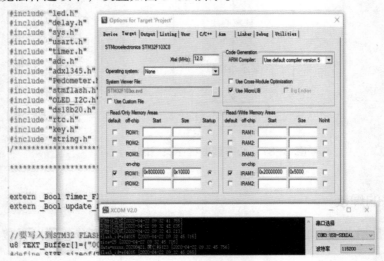

图 3-39　选项调试图

将 ST-LINK 用杜邦线连接到 STM32 的调试接口，设置完成后，点击编译按钮编译，没有错误和警告时，进行烧录，得到结果如图 3-40 所示。

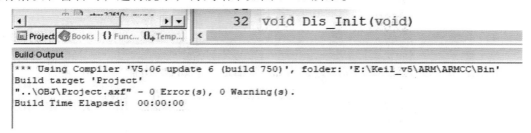

图 3-40 编译调试结果图

九、实物调试

经过一系列硬件设计、焊接，软件调试，最终完成硬件实物如图 3-41 所示。

图 3-41 硬件实物图

（一）开机界面调试

在程序中利用字模软件读取汉字后，系统板供电，首先 OLED 会显示"欢迎使用蓝牙智能手环"2 s。然后跳转到主界面，显示心率、步数、温度数据等。通过心率传感器采集心率，当没有进行心率测量时，屏幕第一行显示"心率：---r/min"，第二行显示"步数：0"，第三行显示"温度：10.4"。界面显示主要是通过软件来实现的，这一部分难度不大，本次设计的开机界面显示内容简洁且功能完善，包含了开机界面与主界面，基本满足蓝牙智能手环的使用。开机界面和主界面调试图如图 3-42 所示。

（a）开机界面调试图 　　　　　　　（b）主界面调试图

图 3-42　开机界面和主界面调试图

（二）时间与日期调试

在主界面时，可通过按键实现其他功能，按下切换键（按键一），OLED 屏幕将切换到时间显示界面，由于 OLED 屏幕小，故选择分屏显示。时间显示界面显示日期、时间和周几之类的信息，如图 3-43 所示。第一行显示"日期：2020-02-18"，第二行显示"时间：14：35：11"，第三行显示"周二"。

图 3-43　时间显示界面图

通过按键进行校准时，需要先按下设置键（按键二）进入时间调整界面，图 3-44 为时间调整界面图。第一行显示"设置"，第二行显示"日期：2020-02-18"，第三行显示"时间：13：35：00"，屏幕中箭头">"指向的数字为当前需要调整的数据，通过设置加键（按键三）、设置减键（按键四）进行调整，按一次设置键（按键二）自动后退到下一个参数的设置，所有参数设置完成之后再次按下设置键，将自动保存设置好的时间并退出时间调整界面自动进入主界面。

图 3-44　时间调整界面图

　　由于蓝牙智能手环体积小，所以按键也在满足功能的情况下越少越好，它主要用来跳转屏幕和调整时间，本设计利用四个小按键来实现修改时间功能，如图 3-43 所示，它包含日期（年月日）、时间（几点几分）、周几等时间显示，基本满足了日常使用，表明本模块各功能可以实现。

（三）计步模块调试

　　本设计中计步模块使用的是具有三轴检测功能的 ADXL345 加速度传感器模块，以确保系统计步功能的实现。当系统开机后，计步模块开始工作，由于还没有检测到走动，所以界面如图 3-45 所示。当检测到走路时，开始计步，因为该计步传感器使用了数字滤波技术，所以可以达到更好的体验效果，我们用数字滤波器将每次检测到的四个数据求平均值后得到一个较稳定的检测数值。

图 3-45　计步初始界面图

　　然后进行走路的简单测试，绕房间走几步后，再次观察 OLED 屏幕，看到上面的步数数值已经变为 13 了，如图 3-46 所示，基本检测稳定，表明计步模块功能已经实现了。

图 3-46　计步测试后界面图

（四）心率采集模块调试

正常成年人的心率在 60～100 次 /min 之间，情绪或疾病导致的心率过高或过低都有可能出现问题，本设计中的心率监测功能可以有效应对。本设计中心率采集模块使用的是 Pulse Sensor 心率传感器模块，该传感器是一款光电反射式传感器，检验十分灵敏，系统板上电后，主界面上第一行显示"心率：---r/min"，此时还没有检测到心率，用手指按压贴合传感器 10 s 左右，OLED 屏幕上面心率部分数据开始显示，且数据随着时间的增加逐渐稳定，在第 5 s 左右时，我自己的心率数值显示为 76，如图 3-47 所示，为了检测其实用性，第二次特意把检测的传感器放在了手腕上面，其 OLED 屏幕显示心率数值基本与第一次一致，误差可以忽略，综上实验，可以得到结论：本设计中所采用的心率采集模块可以实现人体心率采集功能，数值基本稳定，误差极小，有很强的实用性。

图 3-47　心率采集完成界面

（五）蓝牙通讯模块调试

本设计采用第三方软件蓝牙助手 app 软件进行蓝牙连接调试，开机上电后，打开手机 app 进行蓝牙搜索，如图 3-48（a）所示。本设计采用的是 BT06 蓝牙模块，但是其蓝牙名称为"BT04-A"，当搜到该蓝牙信号后进行连接，第一次连接时需输入密码，初始密码为 1234，输入完成后进入数据传输界面。单片机控制蓝牙模块将步数、心率、体温数据每 4 s 传输一次至手机 app 进行显示，如图 3-48（b）所示。

（a）蓝牙搜索界面图　　　（b）数据显示界面图

图 3-48　蓝牙调试界面图

如图 3-48（a）所示搜索界面，首先搜索到蓝牙 BT04-A，进行连接，连接成功后，切换到终端界面显示蓝牙模块发来的数据，如图 3-48（b）所示 Step 是步数数据，H 是心率数据，T 是温度数据。所以可以得出结论，其蓝牙硬件和软件调试无误，可以实现联通到手机或电脑终端的功能。

十、改进和建议

由于篇幅有限，我们只对几个重要模块的调试进行了详细介绍，像温度模块、指示灯、键盘模块，这些我们也都一一验证了，它们都可以正常完整工作。

当然，调试过程肯定不是一帆风顺的，如 ADXL345 计步模块偶尔会出现接触不良的现象，导致没有计步数据，但是本设计支持步数掉电保存，所以在不剧烈晃动的基础上还是没有问题的，心率采集模块的精度比我们想象的高很多，同一状态下，多次测量结果基本一致，都达到了预想的状态，各个模块都已实现了各自的功能。

本设计还可以增加许多新的实用性功能，如添加可用于公交卡、门禁卡等领域的NFC模块，添加来电提醒、久坐提醒、睡眠检测、天气预报等功能。

项目三　智能楼宇远程环境监控系统的设计

✈ 知识目标

掌握智能楼宇远程环境监控系统硬件电路设计方法。

✈ 能力目标

1. 学会合理选择电子模块。
2. 掌握智能楼宇远程环境监控系统设计软件调试的方法。

一、设计概述

随着人工智能的发展越来越快，加上人们对居住环境的要求越来越高，很多工程师对环境监测系统的设计进行了较多的研究，智能楼宇的环境监测也成为近年来研究的热点。智能楼远程环境监控系统是对楼宇温度、湿度、亮度、空气质量和烟雾浓度的远程监控，用两个控制板实现，一个是节点板，另一个是中控板。

针对当前的发展现状，本项目设计了一种基于 STM32 单片机的环境监测系统。该系统将单片机与物联网相结合并将其应用于小区、办公楼等不同的环境监测领域，利用节点板的各种传感器收集环境数据，然后通过 RS485 总线和 Modbus 通信协议将数据发送给中控板，最后利用 MQTT 网络传输协议将数据上传到阿里云并将数据显示在手机 app 界面，实现环境的实时监控。

智能楼宇远程监控系统的总体框架图如图 3-49 所示。

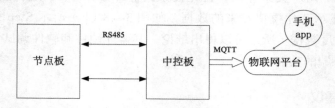

图 3-49　智能楼宇远程监控系统总体框架图

二、设计目标

智能楼宇远程环境监控系统节点板主要用来收集各种数据，包括温度、湿度、空气质量和烟雾浓度，然后将这些数据发送给中控板，它的工作流程是各个传感器将采集到的模拟信号传输到单片机，单片机通过 A/D 转换器将其转换为数字信号，再通过数据解析将各个数据发送给 OLED 显示模块、RS485 通信模块。

系统主要功能及拟实现的功能如图 3-50 所示。

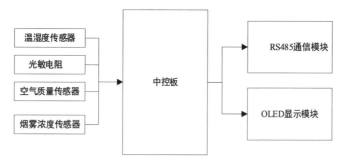

图 3-50　节点板装置的流程图

本设计拟达到的具体设计目标：

节点板能准确地采集温湿度、空气质量、光照度、烟雾质量的数据，并能实时显示到 OLED 显示屏上。

节点板与中控板能准确进行通信，保证节点板采集到的数据能准确传输到中控板。

中控板能及时解析接收到的数据，将数据实时显示到 OLED 屏幕上并将数据发送到 Wi-Fi 模块接收端。

手机小程序能通过访问物联网服务器获取并显示数据。

可通过手机小程序设置各个采集数据的阈值。

三、确定硬件设计方案

根据图 3-50，经过具体目标的分析，我们可以得到具体的硬件设计框图如图 3-51 所示。

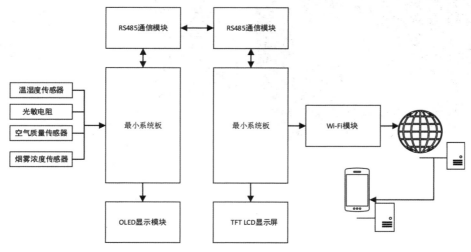

图 3-51　系统硬件设计框图

本设计硬件以中控板、节点板为核心，主要由最小系统板、温湿度传感器、空气质量传感器、烟雾浓度传感器、光敏电阻、RS485 通信模块、Wi-Fi 模块、OLED 显示模块、TFTLCD 显示屏组成，用电源模块给各个模块供电，智能楼宇远程环境监控系统中控板选用的主控芯片是 STM32F407ZGT6，其内部集成了串口、SPI、IIC、FSMC、SD 卡、USB 等多种外设。

四、各个子模块的选择

选取原则即为前面介绍的知识。

（一）中控板单片机

由于本设计使用了 LCD 屏幕，LCD 屏幕占用引脚数太多，且需要网络通信和大量的计算，因此选用性能较高的单片机作为中控板的主控芯片。

STM32F407ZGT6 属于联网型芯片，特点是内存大，工作频率高，运行速度快，能在较短的时间里处理大量的数据，本设计中控板实物图如图 3-52 所示，单片机中控板芯片电路图如图 3-53 所示，引脚说明如表 3-3 所示。

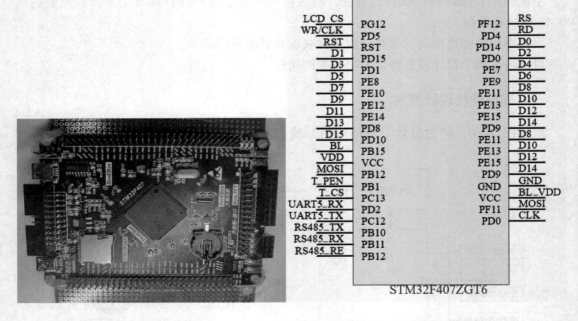

图 3-52　中控板实物图　　　　　　图 3-53　中控板芯片电路图

表3-3　中控板引脚连接说明

单片机引脚名称	引脚作用	所连器件引脚
PG12	LCD 片选信号	LCD_CS
PD5	从 LCD 写数据	WR/CLK
RST	产生复位	RST
PD15	数据传输	D1
PD1	数据传输	D3
PE8	数据传输	D5
PE10	数据传输	D7
PE12	数据传输	D9
PE14	数据传输	D11
PD8	数据传输	D13
PD10	数据传输	D15
PB15	LCD 背光使能	BL
VCC	电源正极	VDD
PB12	SPI 通信	MOSI
PB1	触摸屏使能	T_PEN
PC13	触摸屏片选	T_CS
PF12	命令 / 数据标志	RS
PD4	从 LCD 读数据	RD
PD14	数据传输	D0
PD0	数据传输	D2
PE7	数据传输	D4
PE9	数据传输	D6
PE11	数据传输	D8
PE13	数据传输	D10
PE15	数据传输	D12
PD9	数据传输	D14

续　表

单片机引脚名称	引脚作用	所连器件引脚
VCC	背光正极	BL_VDD
PF11	SPI 通信	MOSI
PD0	LCD 片选	CLK
PC12	Wi-Fi 模块通信	UART5_TX
PD2	Wi-Fi 模块通信	UART5_RX
PB10	RS485 通信	RS485_TX
PB11	RS485 通信	RS485_RX
PB12	RS485 通信	RS485_RE

本设计与 LCD 连接时用到了 SPI 通信，与 Wi-Fi 模块通信用到了串口协议，与节点板通信用到了 RS485 通信协议。

（二）通信模块 RS485

本设计节点板与中控板之间实现了通信，两者之间的协议为 RS485 协议，RS485 协议的特点是半双工通信，采用差分信号速度快，抗干扰能力强，传输距离远（传输距离可达 1 200m），因此采用 RS485 模块。

RS485 模块采用的芯片是 MAX485，作用是将 STM32 的 TTL 电平转化为 485 信号，具体如图 3-54 所示，引脚说明如表 3-4 所示。

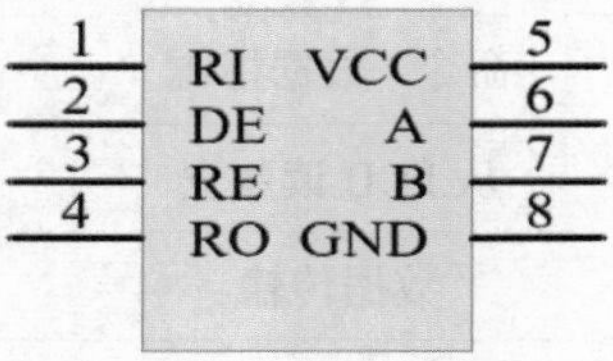

图 3-54　RS485 通信模块

表3-4　RS485引脚说明

引脚序号	引脚名称	引脚作用	所连器件
1	RI	RS485TTL 接收	中控板 UART5_TX
2	DE	接收使能	中控板 PB12

引脚序号	引脚名称	引脚作用	所连器件
3	RE	发送使能	中控板 PB12
4	RO	RS485TTL 发送	中控板 UART5_RX
5	VCC	电源正极	
6	A	RS485 差分信号通信	双绞线
7	B	RS485 差分信号通信	双绞线
8	GND	电源负极	

（三）Wi-Fi 模块

ESP8266Wi-Fi 模块通常用于无线远程通信，一般与手机或者电脑连接进行通信，常用的无线通信模块还有蓝牙模块，蓝牙模块通信距离较短且通信速度慢，常用于两设备之间的近距离低速通信，而 Wi-Fi 模块可以连接到物联网平台，可以实现远距离的传输，通过程序发送 AT 指令 Wi-Fi 可以进行不同的动作或命令，ESP8266 一共有 8 个引脚，除两个电源引脚外，还需要将串口的两个引脚正确连接，IO0 和 IO1 是模式选择，分别是正常启动和开发模式，本设计只需要正常启动即可，所以将 IO0 上拉，IO1 浮空，通电就可与单片机通信，具体如图 3-55 所示。

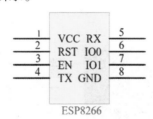

ESP8266

图 3-55　Wi-Fi 模块电路图

本设计用到一些常用的 AT 指令，指令格式如表 3-5 所示。

表3-5　常用的AT指令

类型	指令格式	描述
测试指令	AT+<x>= ?	该命令用于查询设置指令的参数
查询指令	AT+<x> ?	该命令用于返回参数的当前值
执行命令	AT+<x>	该命令用于执行受模块内部程序控制的变参数不可变的功能

单片机与 Wi-Fi 模块进行串口通信，需要正确连线，除能源和串口引脚外，Wi-Fi 模式端 IO0 接高电平，IO1 接低电平，具体如表 3-6 所示。

表3-6　WIFI模块引脚说明

引脚序号	引脚名称	引脚用途	单片机对应引脚
1	VCC	电源正极	
2	RST	复位	
3	EN	使能	
4	TX	串口发送	PD2
5	RX	串口接收	PC12
6	IO0	模式选择	
7	IO1	模式选择	
8	GND	电源负极	

（四）TFTLCD 屏幕

本设计采用 3.5 in（1 in≈2.54 cm）LCD 液晶显示屏，LCD 有丰富的色彩元素，采用的是 16 位的 RGB565 格式的显示方法，具体如图 3-56、图 3-57 所示，引脚如表 3-7 所示。

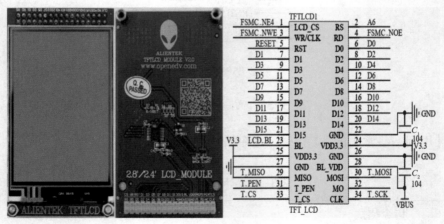

图 3-56　LCD 屏幕实物图　　　　图 3-57　TFTLCD 电路图

表3-7 TFTLCD引脚说明

引脚序号	引脚名称	引脚用途
1	LCD_CS	LCD 片选
2	RS	命令数据选择
3	WR/CLK	写数据
4	RD	读数据
5	RST	复位
6 ~ 21	D0 ~ D15	数据传输
22	GND	接地
23	BL	背光控制
24	VDD3.3	电源正极
25	VDD3.3	电源正极
26	GND	接地
27	GND	接地
28	BL_VDD	背光正极
29	MISO	主输入从输出
30	MOSI	主输出从输入
31	T_PEN	触摸屏使能
32	MO	
33	T_CS	触摸屏片选
34	CLK	时钟线

（五）节点板 STM32F103R8T6 单片机

节点板的主要作用是采集环境的参数并把数据送到中控板，所用的外设相对较少，因此 STM32F103R8T6 可以满足需求，具体如图 3-58、图 3-59 所示，引脚如表 3-8 所示。

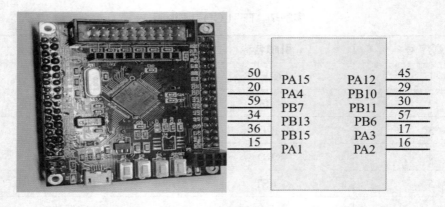

图 3-58　节点板实物图　　　　　图 3-59　节点板原理图

表3-8　STM32F103R8T6引脚说明

引脚序号	引脚名称	引脚作用	所连器件
50	PA15	数据 / 命令控制	OLED_D/C
20	PA4	复位	OLED_RES
59	PB7	片选	OLED_CS
34	PB13	时钟	OLED_SCL
36	PB15	数据输入	OLED_DSI
15	PA1	模拟输入	MQ135
45	PA12	数据传输	RS485_RE
29	PB10	数据传输	RS485_RX
30	PB11	数据传输	RS485_TX
57	PB6	数字输入	DHT11
17	PA3	模拟输入	光敏电阻
16	PA2	模拟输入	MQ2

（六）温湿度采集模块

智能楼宇远程环境监控系统中温湿度采集模块选用的是 DHT11 数字温湿度传感器，其原理图如图 3-60 所示，引脚说明如表 3-9 所示。传感器包含 1 个 NTC 测温元件和 1 个电阻式测湿元件，可以与 8 位高性能单片机连接，具有以下优点：成本低、稳定性好、温度和湿度测量卓越、抗扰动能力强等，在气象站、家电、湿度调节器、医疗等领域被广泛应用。

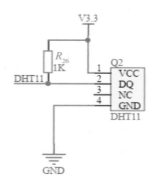

图 3-60 DHT11 数字温湿度传感器外围电路原理图

表3-9 DHT11引脚说明

引脚序号	引脚名称	引脚作用	所连器件
1	VCC	电源正极	
2	DQ	数字信号输出	PB6
3	NC	浮空	
4	GND	电源负极	GND

（七）空气质量、烟雾浓度采集模块

智能楼宇远程环境监控系统中空气质量和烟雾浓度采集模块分别选用的是 MQ135 空气质量传感器和 MQ2 烟雾浓度传感器（见图 3-61）。这两个模块主要是对空气中的有害物质进行检测，包括甲烷、$PM_{2.5}$、CO 以及其他可燃性气体，作用大致相同，其具有探测范围广、灵敏度高、稳定性强、寿命长等优点。

图 3-61 MQ2 烟雾浓度传感器

图 3-62、图 3-63 所示分别为空气质量传感器和烟雾浓度传感器的测量电路，引脚说明如表 3-10 所示。

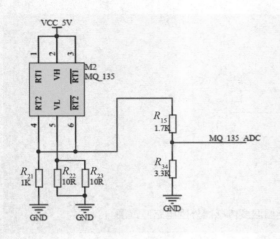

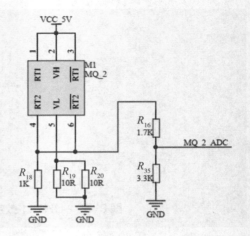

图 3-62　MQ135 空气质量传感器测量电路　　　图 3-63　MQ2 烟雾浓度传感器测量电路

表3-10　MQ135空气质量传感器、MQ2烟雾浓度传感器引脚说明

引脚序号	引脚名称	引脚作用	所连器件
1	VCC	电源正极	
6	RT2	模拟输出	PA1（MQ135）、PA2(MQ2)
3	GND	电源负极	

（八）光照强度采集模块

智能楼宇远程环境监控系统选用光敏电阻来采集室内的光照强度，其实物图如图3-64 所示。

图 3-64　光敏电阻实物图

光敏电阻是一种特殊的电阻器，其原理是光照越强，阻值就越低，所以光照强度的采集也就是光敏电阻的阻值的采集。

表 3-11 所示为光敏电阻引脚说明。

表3-11 光敏电阻引脚说明

引脚序号	引脚名称	引脚作用	所连器件
1	VCC	电源正极	
6	IO	模拟输出	PA3
3	GND	电源负极	

（九）OLED 屏幕

智能楼宇远程环境监控系统节点板使用的是 0.96 in（1 in≈2.54 cm）OLED 显示屏，其结构如图 3-65 所示。

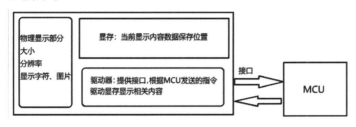

图 3-65 OLED 显示屏结构图

其驱动电路如图 3-66 所示，引脚说明如表 3-12 所示。OLED 是有机发光二极管，使用新型有机半导体材料（即含碳氢化合物的材料），将它涂布在导电的玻璃片上，通以电流，就可以放出各种不同波长的光。OLED 显示屏现阶段主要应用于车用型显示器、移动电话、游戏机、掌上型可携式小型计算机、汽车音响及数字相机等。

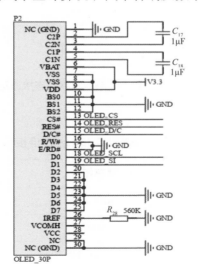

图 3-66 OLED 显示屏驱动电路

表3-12　OLED显示屏引脚说明

引脚序号	引脚名称	引脚用途	单片机对应引脚
13	OLED_CS	片选信号	VCC
14	OLED_RES	复位	PA4
15	OLED_D/C	数据命令选择	PA15
17	OLED_E/RD	使能	接地
18	OLED_SCL	时钟	PB13

（十）模块之间的引脚连接

根据所选择的不同模块，详细了解各个模块引脚的作用，焊接电路，调试电路。

因该设计相对复杂，我们在熟悉各个模块引脚功能后，就很容易明白相邻的模块引脚如何连接了。

主要模块之间引脚的连接如下。

1. 节点板与传感器的连接

节点板用到的传感器中光敏传感器、空气质量传感器、烟雾浓度传感器采集的都是模拟量，DHT11温湿度传感器采集的是数字信号，原理图如图3-67所示，单片机与传感器的连接说明如表3-13所示。

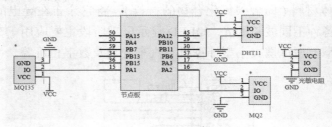

图3-67　节点板与传感器的连接原理图

表3-13　单片机与传感器的连接说明

单片机引脚	对应模块	引脚作用
PA1	MQ135	空气质量采集
PA2	MQ2	烟雾浓度采集
PA3	光敏电阻	光照度采集
PB6	DHT11	温湿度采集

2. 节点板与 OLED 的连接

节点板与 OLED 是通过 7 针引脚的 SPI 协议连接的，连接原理图如图 3-68 所示，单片机与 OLED 的连接说明如表 3-13 所示。

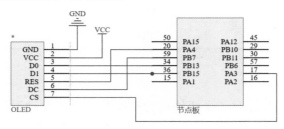

图 3-68　节点板与 OLED 的连接

表3-14　单片机与OLED的连接说明

引脚序号	单片机引脚	引脚名称
3	PB13	D0
4	PB15	D1
5	PA4	RES
6	PB7	DC
7	PA3	DS

3. 中控板与 Wi-Fi 模块的连接

Wi-Fi 模块与单片机连接使能引脚一定要接高电平否则无法正常工作，原理图如图 3-69 所示，单片机与 Wi-Fi 模块连接说明如表 3-15 所示。

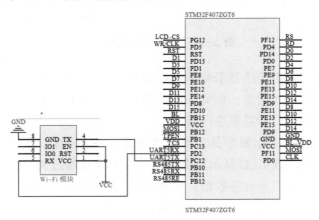

图 3-69　单片机与 Wi-Fi 模块的连接

表3-15　单片机与Wi-Fi模块的连接说明

引脚序号	单片机引脚	引脚名称
4	PC12	UART5_TX
5	PD2	UART5_RX

五、软件设计

对于节点板来说，首先对各个模块进行初始化，然后驱动温湿度、光照强度、空气质量、烟雾浓度采集模块收集环境的各种数据，驱动 OLED 显示屏使其能显示这些数据，最后通过 RS485 总线把这些数据发送给中控板，它将接收到的数据显示到 LCD 屏幕，并发送到手机接收端。

对于中控板来说，首先也是对各个模块进行初始化，然后通过 MQTT 协议连接至物联网平台并制作好简单的手机 app，接着中控板通过 RS485 总线接收来自节点板的数据并在屏幕上显示出来，最后把数据上传到物联网平台和手机 app，并显示在手机 app 上。

（一）节点板与传感器的软件设计

传感器采集框图如图 3-70 所示。

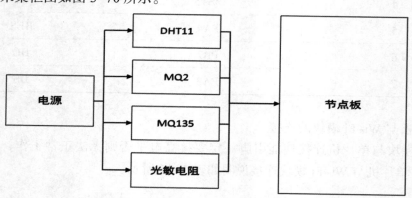

图 3-70　传感器采集框图

以上 4 个传感器有 3 个传感器采集的是模拟信号，DHT11 传感器采集的是数字信号。所以可以把光照强度、空气质量、烟雾浓度等模拟信号通过 A/D 转换后借助 DMA 传输，温湿度通过数字信号传输，不需要进行转换。

对于节点板来，它的工作原理是节点板将采集到的数据存入缓冲区，通过程序将采集到的数据每隔 5 s 更新到 OLED 显示屏上，并等待中控板通过 RS485 信号发送数据请求，节点板通过串口中断的方式来响应数据，响应数据的同时开启一次定时器，每采集一次环境数据，就关闭定时器，直到下一次接收数据，这样做可以实现双方数据的同步，减少延时带来的数据失真，采集数据的流程图如图 3-71 所示。

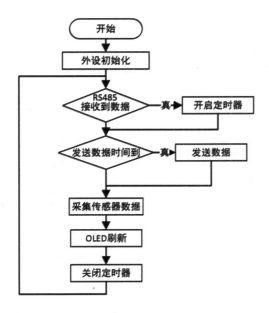

图 3-71 节点板流程图

传感器采集数据，利用 A/D 转换和 DMA 将数据传输到 reg_data[] 数组中，通过访问数组来获得传感器采集的数据，核心程序如下。

```
// 函数名称：void adc_dma_data(void)
// 功能：采集数据
void adc_dma_data(void)
{
    char buf[64]={0};
    u16 GZ=reg_data[2];
    u16 mq135=reg_data[3];
    u16 mq2=reg_data[4];
    if(DMA_GetFlagStatus(DMA1_FLAG_TC1)==1)
    {
        DMA_ClearFlag(DMA1_FLAG_TC1);
        printf("GZ:%d\r\nmq135:%d\r\nmq2:%d\r\n",reg_data[2],reg_data[3],reg_
data[4]);
        sprintf(buf,"light: %d    air_quality: %d smoke: %d ",GZ,mq135,mq2);
        OLED_Clear(0x00);
        oled_hz_zf(0,0,(u8 *)buf);
    }
}
```

（二）中控板的软件设计

中控板数据流框图如图 3-72 所示。

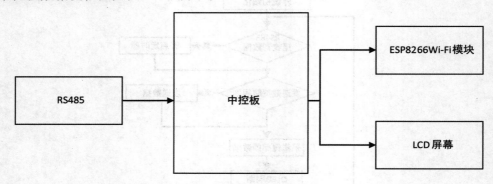

图 3-72　中控板数据流框图

中控板接收到来自 RS485 的信息后，通过数据解析，调用 LCD 屏幕的程序将接收到的数据显示出来，原理和 OLED 类似，另外通过 Wi-Fi 模块利用 MQTT 协议将数据发送到阿里云服务器，阿里云服务器通过 JSON 来解析接收到的数据，然后通过网络传输到微信小程序，手机端同时显示温湿度、光照强度、空气质量和烟雾浓度。其功能是初始化 Wi-Fi 模块和 LCD 屏幕。每隔 5 s 通过 RS485 发送一次数据请求等待节点板的回应，当接收到回应时通过程序将接收到的数据保存到接收缓冲区，通过访问缓冲区的数据来将其显示到 LCD 屏幕上，另外这部分数据还要通过程序发送到阿里云服务器，做完以上步骤后清空缓冲区数据，等待下一次数据接收，流程图如图 3-73 所示。

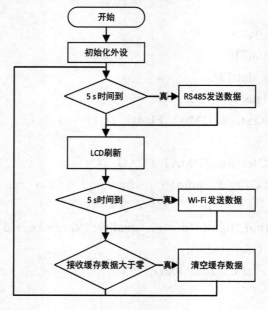

图 3-73　中控板流程图

发送到阿里云的数据需要进行打包处理，核心程序如下。

```
// 函数名称：void SendData(void)
// 功能：打包发送数据
void SendData(void)
{
    ali_send_data_run[0]=0;
    Ali_data.EnvironmentTemperature=val_buff.Temp;
    Ali_data.EnvHumidity=val_buff.Humi;
    Ali_data.Env_lux=val_buff.Light;
    Ali_data.AQI=val_buff.Air;
    Ali_data.SmokeConcentration=val_buff.Smoke;
    Send_Pack_Data(Ali_data);
}
```

六、实物焊接

（一）硬件组装过程

在焊接电路时，需要有一个大概的布局方便走线，并且焊接出来的电路既美观也稳定，所有模块实物图如图 3-74 所示。

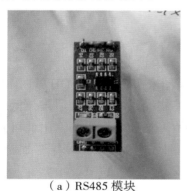
（a）RS485 模块

（b）ESP8266 模块

（c）MQ2

（d）OLED

（e）MQ135

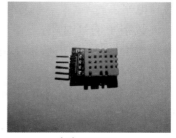
（f）DHT11

图 3-75　所有模块实物图

（g）光敏电阻

（h）中控板

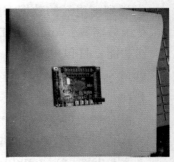
（i）节点板

图 3-74　所有模块实物图（续）

（二）测量光照强度、空气质量以及烟雾浓度硬件的焊接

光照强度、空气质量、烟雾浓度的测量相对来说比较简单，只需要配置这几个模块在 STM32F103 所对应的引脚上，利用芯片内部集成的 A/D 转换即可得到相应的数据。正常供电后只需将每个模拟引脚连接到单片机的转换的引脚上即可。

（三）LCD 屏的焊接

LCD 屏使用的是 FSMC 总线和 TFT8080 接口，将相关硬件焊接、连接并固定。

七、软硬件调试

（一）温湿度传感器硬件的调试

DHT11 温湿度传感器采集温湿度主要是靠模拟它的时序图来实现的，在 DHT11 温湿度传感器的四个引脚中有一个片选引脚，它就相当于一条控制线，用户主要通过拉低或者拉高一段时间来使主机进入不同的状态，比如唤醒、开始采集和结束采集。由此可知 DHT11 输出数字 0 和数字 1 的时间尤为重要，必须严格按照时序图上的时间来编写程序。

数字 0 信号时序：

当 DHT11 输出数字 0 时，单片机读取到的信号为 50 μs 的低电平，之后为 26 ～ 28 μs 的高电平。

数字 1 信号时序：

当 DHT11 输出数字 1 时，单片机读取到的信号为 50 μs 的低电平，之后为 70 μs 的高电平。

有了以上协议就可以用来测量温湿度了，首先测试温湿度传感器是否可用，硬件连接图如图 3-75 所示。

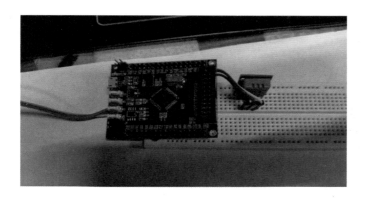

图 3-75　温湿度传感器硬件调试

（二）温湿度传感器软件的调试

根据例程测试传感器是否可用，打开例程程序，程序如下所示。

```
delay_UserConfig(72);
DHT11_UserConfiguer(72);

While(1){
    If(DHT11_Read_Huim_Temp(&HuimH,&HuimL,&TempH,&TempL)==0){
        printf(" 湿度整数 =%d 温度整数 =%d oC\r\n",HuimH,TempH);
        //printf(" 湿度小数 =%d 温度小数 =%d oC\r\n",HuimL,TempL);
        delay(1000);
    }
    else{
        printf(" 传感器异常！请检测 ...r\n"};
        delay(1000);
    }
    }
}
```

经过测试发现程序并不能正常运行，显示传感器异常，经过反复测试，发现该传感器测试的信号引脚接错了，经过正确接线以后可以正常运行。

（三）测量光照强度、空气质量以及烟雾浓度软件的调试

硬件连接完成后接下来进行软件的调试，打开测试源码，运行查看串口打印信息，可判断程序运行情况。

打开串口测试，打印信息如图 3-76 ～图 3-78 所示。

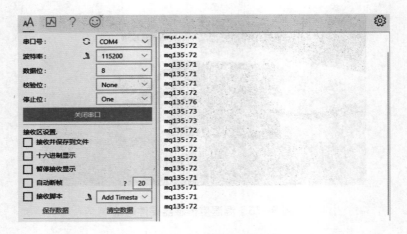

图 3-76　空气质量测量数据

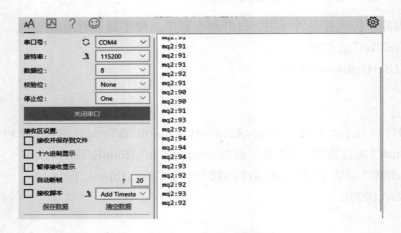

图 3-77　烟雾浓度测量数据

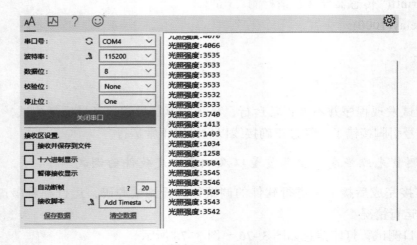

图 3-78　光照强度测量数据

（四）OLED 屏幕显示调试

该 OLED 显示屏使用的是 SSD1306B 驱动器，可以使用 SPI 通信总线对其进行驱动，只需配置 STM32F103 芯片上对应的引脚即可，然后对你想显示的汉字或者字符用取模软件进行取模，就可以在屏幕上显示对应的内容了。

取模完成后 OLED 显示测试例程调用后的正常效果图。

（五）LCD 屏幕的调试

LCD 屏幕同样需要测试，看看屏幕是否能正常工作，运行例程程序，打开例程程序如下。

```
POINT_COLOR=RED;
LCD_ShowString(30,40,200,24,24,"Mini STM32 ^_^");
LCD_ShowString(30,70,200,16,16,"TFTLCD TEST");
LCD_ShowString(30,90,200,16,16,"ATOM@ALIENTEK");
LCD_ShowString(30,110,200,16,16,lcd_id);            // 显示 LCD ID
LCD_ShowString(30,130,200,12,12,"2014/3/7");
```

（六）手机 app 测试

手机 app 制作流程具体步骤如下：

（1）创建产品与设备：在物联网平台上为设备注册一个身份，获取设备证书信息（ProductKey、DeviceName 和 DeviceSecret）。该证书信息将烧录到设备上，用于设备连接物联网平台时进行身份认证。

（2）为产品定义物模型：可以根据自己的需求来定义不同的产品功能。物联网平台根据定义的功能构建出产品的数据模型，用于云端与设备端进行指定数据通信。

（3）建立设备与平台的连接：开发设备端 SDK，传入设备的证书信息，使设备端可以连接物联网平台。

（4）服务端订阅设备消息：服务端通过订阅消息类型，接收设备相关消息，如设备上下线通知、设备生命周期变更、设备上报消息等。

（5）在物联网应用开发平台下创建移动应用，在其里面添加需要的组件并和数据模型相连接。

八、总结和建议

本设计有以下特点：

（1）电路比较简单，系统整体功耗不高，可以稳定持续运行。

（2）使用当前主流的控制芯片，能在芯片上实现数据处理。

（3）智能设备与物联网相结合，通过网络将数据传输到阿里云云端，将采集的数据保存到阿里云的云平台上，并能对数据进行实时查看，使用时相对来说也比较方便。

本设计还可以增加许多新的实用性功能，如控制、报警等功能，也可以在调试中对程序进行修改，实现新的功能。

项目四　智能小车的循迹避障与遥控控制的设计

◎ 知识目标

掌握智能小车的设计方法。

◎ 能力目标

1.学会合理选择电子模块。

2.初步掌握智能小车循迹避障和红外遥控控制功能调试的方法。

一、设计目标

智能汽车作为一种智能化的交通工具，体现了车辆工程、人工智能、自动控制、计算机等多个学科领域理论技术的交叉和综合，是未来汽车发展的趋势。

循迹小车可以看成缩小化的智能汽车，它实现的基本功能是沿着指定轨道自动行驶。就目前智能小车发展趋势而言：相比价格昂贵、体积大、数据处理复杂的传感器 CCD 反射式光电传感器因价格适中、体积小、数据处理方便等更具有发展优势。下面我们一起来学习如何设计一款智能小车，因内容有限，我们主要学习一下它的循迹避障和遥控控制的设计。

二、硬件设计方案各个模块的分析

我们将单片机作为整个系统的核心，通过其控制行进中的小车，以实现其既定的性能指标。充分分析我们的系统，其关键在于实现小车的自动控制功能，在这一点上，单片机就显现出了它的优势——控制简单、方便、快捷。这样一来，单片机就可以充分发挥其资源丰富、有较为强大的控制功能及可位寻址操作功能、价格低廉等优点。所以，我们将 STM32F103R8T6 单片机作为本设计的主控装置。

（一）硬件设计框图

硬件设计框图如图 3-79 所示。

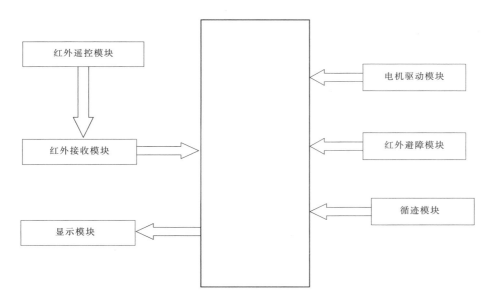

图 3-79 硬件设计框图

该系统使用以 STM32F103R8T6 单片机为核心的控制电路，采用模块化的设计方案，利用红外遥控器代替开关按键控制小车的启动和停止，能够轻松自如地实现小车的启动停止、左转、右转和前进后退等功能。小车运行到黑线上来检测是否有循迹功能，当小车遇到黑线时，会自动启动循迹功能模块，让小车沿黑线跑，遇到障碍物时会后退并选择其他路线躲避障碍物。每个模块都相互独立又相互协调配合，实现了小车的智能控制功能。

（二）主要模块介绍

1. 显示模块

LCD 屏幕的尺寸为 1.8 in（1 in≈2.54 cm），分辨率为 1 920×1 080，像素为 128×160。需要在屏幕上显示小组成员的名字和图片，还需要显示小车的运行模式，分别用汉字取模软件和图片取模软件将其显示出来。

2. 电机驱动模块

电机驱动模块电路图如图 3-80 所示。

直流电机：UMW L9110S 芯片有两个输入控制端，可以控制两个输出端直接驱动电机的正反转动。两个输入端，输入相同信号（低电平），电机停转；输入不同信号，电机转动。

前进：四个轮子正转；后退：四个轮子反转；停止：四个轮子正转；左转：左一停转左二反转，右一右二正转；右转：右一停转右二反转，左一左二正转。

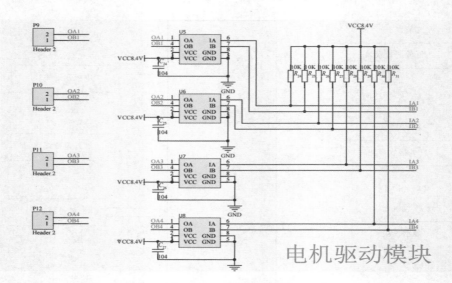

图 3-80 电机驱动模块电路图

3. 红外遥控模块

利用红外遥控完成小车前进、后退、左转、右转的功能，并能够控制小车的工作模式，如循迹、避障和加减速。红外信号的编码格式：NEC 和 RC5。NEC 格式的特征：使用 38 kHz 的载波频率；引导码间隔是 9 ms+4.5 ms；使用 16 位客户代码；使用 8 位数据代码和 8 位取反的数据代码。

三、循迹设计

探测路面黑线的基本原理：光线照射到路面并反射，由于黑线和白纸对光的反射系数不同，可以根据接收到的反射光强弱来判断是否是黑线。利用这个原理，可以控制小车行走的路线。

红外探测法，即利用红外线在不同颜色的物体表面具有不同的反射性质的特点，在小车行驶过程中不断地向地面发射红外光，当红外光遇到白色纸质地板时发生漫反射，反射光被装在小车上的接收管接收；若遇到黑线则红外光被吸收，小车上的接收管接收不到红外光。处理器就根据是否接收到反射回来的红外光来确定黑线的位置和小车的行走路线。红外探测器探测距离有限，一般不应超过 3 cm。

循迹避障小车通过红外探头以及循迹模块感知外围状况，将所感知到的数据以 1，0 的信号形式返回给单片机，然后再通过单片机针对不同的情况进行控制，从而实现避障循迹的功能。若传感器感应到小车的左侧有障碍物，主芯片则通过控制模块让右轮电机停止工作，左轮电机转动起来，这时小车就会向右侧转动；反之，若障碍物被右侧传感器检测到，左轮电机就会停止转动，这时小车就会向左侧转动。当小车的两个传感器检测到障碍物时，会采用倒退转弯的方式避开障碍物。循迹部分由五个位于车身下方的红外传感器构成，中间的三个用于循迹普通路线，最外侧的两个要比中间的靠前，当小车脱离轨道时，等到外面的红外传感器检测到黑线后，做出相应的转向调整，直到中间的红外传感器重新检测到黑线，即回到轨道，再恢复正向行驶。

本设计使用的芯片是 74HC1D4，设计要求小车在循迹时沿着黑线移动，在遇到拐点时车体不可避免地偏离黑线轨迹，系统需要通过探测底面的黑线白线来反馈高低电平。探测黑线输出低电平，探测白线为高电平，超出探测范围输出低电平。测量的距离是 $0.1 \sim 0.5$ cm，工作电压为 $3.3 \sim 5$ V，检测探头是 TCRT5000L，LED 灯的状态：探测黑线 LED 灭，探测白线 LED 亮。

四、避障设计

小车避障利用超声波测距，并根据离障碍物不同距离而做出不同反应。

超声波测距原理：要提供一个短期的 10 μs 脉冲触发信号。该模块内部将发出 8 个 40 kHz 周期电平并检测回波。一旦检测到有回波信号则输出回响信号。回响信号是一个与脉冲的宽度成正比的距离对象。可通过发射信号到收到回响信号的时间间隔计算得到距离。建议测量周期为 60 ms 以上，以防止发射信号对回响信号的影响。

超声波测距计算方法及公式：

取某地声速是 344 m/s，根据 $x = vt$，因为超声波发送出去和回来的路程是测量距离的两倍，所以假设距离是 L，$2L = 344t$，t 我们可以用定时器测出来，单位一般都是 μs，所以就是 $172 \times 10^{-6} t = L$，L 单位为 cm。

最终得出 $L = 0.017\,2 \approx 1/58t$

对于 32 位单片机，12 MHz 的周期为 1 μs，所以 11.059 200 MHz 的距离计算公式为

$L \approx$ 计数 $\times$（12/11.059 2）$\times$（1/58）

　　$\approx$ 计数 $\times 0.018\,7$

　　$\approx$（计数 $\times 1.87$）/100

五、总结与建议

该设计相对比较复杂，部分学生的设计功能没有得到全部实现，加上编程较为复杂，所以建议实训时间为两周。

模块四　虚拟化仿真

虚拟化仿真平台

一、开发软件

目前，市场有很多软件可以进行虚拟仿真平台的设计与测试，但是设计原理各有不同，如 Java、Web、LabVIEW 等。其中，LabVIEW 是一种利用图形化语言编程的软件开发环境，利于学生理解，且容易掌握，因此本书利用 LabVIEW 2017 软件进行虚拟仿真平台设计与测试。

（一）LabVIEW 简介

LabVIEW 是在仪器仪表领域开发出的一种软件开发环境，是类似 C 语言开发的一个基础软件。该软件与其他计算机编程语言的主要区别在于，其他计算机语言使用文本语言代码生成，而 LabVIEW 运用图形进行程序的编制，LabVIEW 创建的程序是依据图形进行显示的，不包含程序代码，而是使用技术人员已知的术语、图标和概念来进行编程，按组织结构图或流程图显示。LabVIEW 是供用户最终使用的工具，不仅提高了用户创建科学和工程系统的能力，也为实现仪器编程和数据采集系统提供了一种实用的方法。使用它研究、设计、测试并实现仪器系统，能够大大提高工作效率。

（二）LabVIEW 开发环境

LabVIEW 软件是 NI 设计平台的核心，也是开发测量以及控制系统的理想选择。LabVIEW 软件开发环境集成了工程师和研究人员构建不同应用程序所需的所有工具，旨在帮助工程师和研究人员解决问题、提高生产力和创新。传统的编程语言中程序的执行根据指令和指令的顺序来决定，LabVIEW 则根据程序框图中节点之间的数据流决定 VI 和函数的执行顺序。其中，VI 指虚拟仪器，是 LabVIEW 的程序模块。

LabVIEW 具有以下特点：

（1）软件是核心。在为控制计算机选择硬件后，软件部分成为整个虚拟仪器的核心，完全符合"软件即工具"这一性质。

（2）性价比高。一些传统的硬件可以换成软件，减少开发和测试的成本。基于软件的数据处理能够充分发挥计算机的能力，拥有强大的数据处理功能。

（3）扩展性和灵活性强。用户可根据自己的需要选择不同的模块。它也可以通过与其他设备连接，实现应用范围的扩展。

（三）LabVIEW 编程操作面板

LabVIEW 这一程序开发环境主要包括两大部分，分别为前面板和程序框图面板。

前面板上具有各种控件，用于构建各种软件所需要的各种虚拟硬件。可以通过多种控件结合，实现硬件模拟。控件主要包括两大类：输入控件和输出控件。输入控件包含数字输入、字符输入、时间输入、图像输入以及按钮和量表等输入设备。输出控件也包含多种，主要用来输出获取或者生成的数据。除此之外，前面板还包括有各种修饰容器，用于美化处理。

后面板又称为程序框图，能够进行程序的规则设置和逻辑处理。它主要包括节点、结构和连线、各种运算控件。各种简单的运算及程序叠加，可以构成一个复杂的程序框图。程序框图可以称为程序的代码，用来控制程序的运行。程序框图的控件添加方式和前面板相同，两者结合使用，能够完成设计，可以准确还原现实硬件或者软件的功效，甚至可以重新定义、创造一种新的软件。

本设计利用的是 2017 版的 LabVIEW 这一程序开发环境，通过构建 VI 程序，在前后面板进行设计，利用程序面板设计规则，完成整个虚拟实验平台的设计。

（四）LabVIEW 语言的优势

除了图形化的编程方式简单、方便外，LabVIEW 的优势还体现在以下几个方面：

1. 跨平台特性

LabVIEW 支持 Windows、Mac OS X、Linux 等多种计算机操作系统，这种跨平台特性在当今的网络化时代是非常重要的。试想在 Linux 操作系统下设计的 VI 通过网络传递到其他平台上无须改变任何代码即可使用或调试是多么方便。这大大增强了使用者之间的交流、沟通及评估的灵活性。

同时，它还可以充分利用不同平台所具有的优异性能，例如，Windows 系统的广泛性；Mac OS X 系统的美观、时尚，Linux 系统的安全性，等等。

随着计算机操作系统的不断升级和改进，LabVIEW 的开发环境也不断改善。可以想象到，未来在新的操作系统上使用 LabVIEW，它的图形用户界面（GUI）一定会同样美观、时尚。

2. 对其他编程语言的支持

尽管 LabVIEW 已是一个独立的图形化软件编程开发环境，但是为了照顾到已习惯使用其他高级编程语言的编程者，它还提供了兼顾其他高级编程语言的开发环境，使其他编程语言的使用者也能够充分利用 LabVIEW 强大的自动化测试、测量、分析、处理能力。

LabWindows/CVI 提供了对 ANSI C 的支持。

Measurement Studio 提供了对 Visual Basic、Visual C++# 及 Visual C++ 的支持。

3. 开放的开发平台

LabVIEW 还是一个开放的开发平台，提供广泛的软件集成工具、运行库和文件格式，可以方便地与第三方设计和仿真连接，例如，DLL、共享库，ActiveX、COM 和 .NET（微软），DDE、TCP/IP、UDP、以太网、蓝牙、CAN、DeviceNet、Modbus、OPC，高速 USB、IEEE1394、GPIB、RS232/485，数据库（ADO、SQL 等）。

4. 支持便携式手持系统开发，支持嵌入式操作系统

LabVIEW PDA 支持便携式手持系统 PDA（个人数字处理器）的开发、应用，支持 Pocket PC OSs 及 Windows CE。使用 LabVIEW 可以创建自定义的便携式测试分系统。

LabVIEW 嵌入式开发模块支持对 32 位处理器的图形化开发。目标处理器有 PowerPC、ARM、TI C6x x86 架构。LabVIEW 支持的嵌入式操作系统有 VxWorks、eCos、Windows 和嵌入式的 Linux。

LabVIEW DSP 工具包还支持 TI 的 DSP 设计、开发。

LabVIEW FPGA 模块还支持 FPGA 设计，丰富了 RIO 系列模块的自定义功能。

5. 图形化的强大的分析、处理能力

LabVIEW 提供了强大的分析、处理 VI 库及许多专业的工具包，如高级信号处理工具包、数字滤波器设计工具包、调制工具包、谱分析工具包、声音振动工具包、阶次分析工具包等（当然这些都是要花钱购买的），这些是任何其他高级编程语言无法提供的。LabVIEW 独特的数据结构（波形数据、簇、动态数据类型等）使测量数据的分析、处理非常简单、方便，并且实用性很强。很难想象，如果使用代码编程进行数字滤波设计或功率谱分析会增加多少工作量，甚至能否设计完成都不好说。

特别是 NI 公司新近推出的 LabVIEW MathScript，将面向数学的文本编程扩展，加入图形化的 LabVIEW 中，提供了除图形化数据流编程以外的另一种自定义开发应用系统的方法，为使用者提供了获得最佳设计方案的机会。LabVIEW 最大的优势在于图形化的分析、处理方法。从应用角度看，LabVIEW 的分析、处理能力是非常强的，它使得设计者会更加专注于应用项目的设计，而不是关注如何进行数据的分析、处理，从而给设计者带来工作中的快乐和成就感。

6.LabVIEW 在虚拟仿真系统中的优点

LabVIEW 还具有仿真能力，在设计原型阶段可通过仿真来评估设计的合理性和正确性。由于使用的是图形化的编程方法，这样的工作很快就可以实施并及时得到真实的仿真结果。

LabVIEW 在虚拟设备设计方面具有独特的优势，特别是在虚拟仿真设计平台上与其他开发系统相比，该系统用户界面直观、友好，编程功能灵活、高效，硬件平台广泛，易

于开发和移植。

（1）直观、亲和的用户界面。基于虚拟仪器的工业编程软件设计，在设计前面板的用户界面时，在控件选板中挑选使用的控件，大多数控件的外观与仪表的实际画面相似，非常直观，因此对用户具有很强的亲和力。

（2）灵活、高效的程序设计。LabVIEW 的图形编程模式显著提高了编程效率。同时，与工业组态软件相比，LabVIEW 软件中的源代码可以被更深入地开发，用户可以更灵活地定制系统功能。

（3）广泛的硬件平台。NI 公司为不同的领域提供了硬件平台，这些硬件平台可以与LabVIEW 无缝连接，满足不同领域的设计要求。

（4）便于后续开发和移植的系统设计。由于虚拟仪器是用软件定义硬件的，所以在系统完成后，如果想要进行更改，可能只需要更改软件，这样不仅可以实现系统外形特征的多样性，也可以将设计移植到不同的操作平台上。

模块四采用 LabVIEW 编程软件进行虚拟化仿真，共分为两大部分进行：第一部分介绍通过 LabVIEW2017 设计并编制的"传感器与检测技术实验"虚拟仿真实验平台，共包含三个虚拟仿真实验，分别在项目一至项目四中介绍；第二部分主要介绍"传感器与检测技术实验"相关的拓展性虚拟化仿真设计，分别在项目五和项目六中介绍。

二、虚拟化仿真平台功能

（一）虚拟化仿真平台整体功能

该虚拟仿真平台是面向"传感器与检测技术实验"开发的，本书提供了三个典型的传感器与检测技术虚拟化仿真实验。该平台具有可拓展性，随时可以面向学生或用户需求增设实验仿真项目。学生或用户若想在客户端使用虚拟仿真平台，首先要在具有 Windows 环境的 PC 机上安装一个 LabVIEW 的 2017 版或更新版本的软件又或安装 LabVIEW 运行引擎，通过打开应用程序进入实验仿真模块，进行实验。虚拟仿真平台总体功能如图 4-1 所示，该平台包含三类传感器的虚拟仿真实验，这三个实验项目分别是压力传感器实验、温度传感器实验、位移传感器实验。该平台不仅提供了五大功能模块，即登录功能、实验选择功能和三个实验项目模块，还在每一个实验项目中模拟了实际实验的过程，并提供数据检测和数据自动处理功能，让学生结合理论知识和仿真过程进行实验总结并得出有效结论。最后学生还可以进行独立思考或小组讨论，进行深度学习。用户在某个实验结束后可返回选择其他实验，也可直接退出仿真平台。

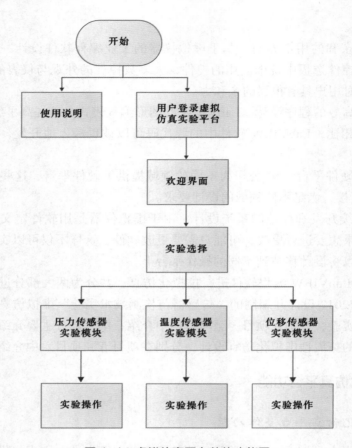

图4-1 虚拟仿真平台总体功能图

本节仅对登录功能模块和实验选择功能进行介绍，三大实验模块将在后面各实验项目中展开介绍。

（二）登录功能模块

用户运行虚拟仿真实验平台时，先要浏览平台使用说明。用户需要进入登录界面，在登录面板中输入用户名和密码。图4-2给出了用户登录操作流程。若用户输入的用户名和密码正确，系统则提示"欢迎使用传感器实验虚拟仿真产品！"，如图4-3所示，用户点击继续，进入实验选择模块；当用户输入的用户名或密码不正确时，系统提示"用户名或密码错误，请重试！"，用户无法进入下一步操作。

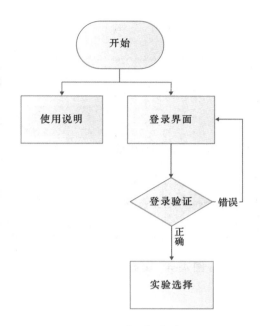

图 4-2　登录操作流程

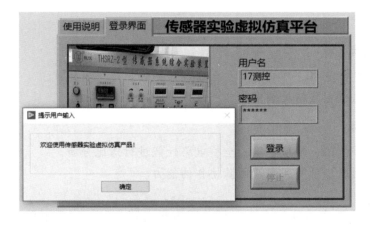

图 4-3　登录成功弹窗提示

（三）实验选择模块

该仿真平台包括三个实验，所以在实验模块选择界面上有三个选项，该平台设计实现的方法是在 LabVIEW 中调用子 VI，每个实验选择模块后有"进入实验"按钮，用户选择某个实验模块时就可以点击实验名称后边的"进入实验"按钮，这时系统就会弹出对应实验项目模块，用户可以进入该实验项目进行仿真实验。实验模块选择界面如图 4-4 所示。

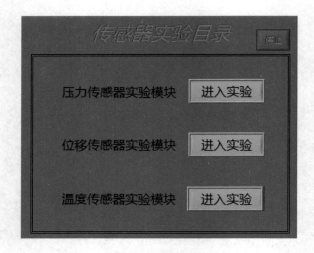

图 4-4　实验模块选择界面

项目一　压力传感器仿真实验

知识目标

1.掌握单臂电桥电路、半桥电路、全桥电路的输出电压表达式。

2.掌握三种电桥电路的灵敏度和非线性误差的求解公式。

能力目标

1.对单臂电桥电路、半桥电路、全桥电路性能进行对比分析。

2.增强分析问题、解决问题及团队协作的能力。

压力传感器仿真实验项目主要包括单臂电桥电路实验、半桥电路实验、全桥电路实验等三个子实验。学生完成实验测试后可对三个实验进行对比分析，并可以分组进行实验问题讨论。图 4-5 为压力传感器仿真实验模块结构图。

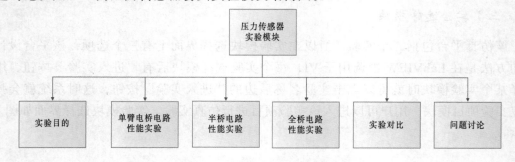

图 4-5　压力传感器仿真实验模块结构

一、实验目的

在进入压力传感器实验模块后，先要明确实验目的：
（1）了解金属箔式应变片的应变效应，理解单臂电桥的工作原理和性能。
（2）比较半桥与单臂电桥的不同性能。
（3）讨论全桥测量电路的优点。

二、单臂电桥电路实验

点击"单臂电桥电路"，进入实验界面，如图 4-6 所示。

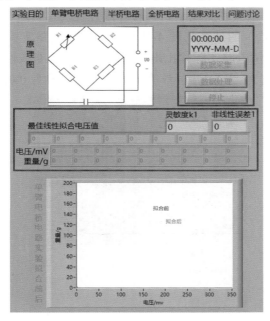

图 4-6　单臂电桥电路实验界面

（一）实验原理

实验界面上清晰地呈现了实验所用的单臂电桥电路图，电路中 4 个电阻为金属箔式应变片，其中应变片 R_1 粘贴在被测弹性试件表面承受应变，应变片 R_2,R_3,R_4 不承受应变。应变片是一种能将试件上的应变变化转换成电阻变化的传感元件。根据电阻式传感器的工作原理可知，当测试件受力变形时，应变片 R_1 也随之产生形变，相应的电阻值将发生变化。通过单臂电桥测量电路将电阻变化转换为电压变化，最终得出所承受力与输出电压的关系。

单臂电桥电路输出电压的表达式见模块二中项目一电阻式传感器实验的式 (2-2)，该式表明了单臂电桥输入输出为非线性的，非线性误差计算公式如式 (2-3) 所示。

（二）实验内容与步骤

在图 4-6 的单臂电桥电路实验界面中可看到有三个按钮，分别是"数据采集""数据处理"和"停止"按钮。

（1）点击"数据采集"按钮，开始测量，进行数据采集。这时用户会看到实验界面中显示出所采集的一组数据——电压值和质量值，采集的质量值是对应模块二中项目一电阻式传感器实验的实验一单臂电桥性能实验的，是在应变传感器托盘上放置的不同砝码的质量值。根据实验原理可知，加入不同质量的砝码时，测量电路的输出电压值与之有一一对应关系，因此该实验平台可直接采集实际实验的数据进行仿真。

（2）点击"数据处理"按钮，开始对测量（采集）的数据进行处理。该步骤主要包括电压值和质量值实际测量关系曲线绘制、两者拟合直线绘制以及基本静态特性指标灵敏度和线性度（非线性误差）的计算。图 4-7 是单臂电桥电路实验某次仿真结果图。从图 4-7 中可以看出，单臂电桥电路实际输出电压值和质量值为非线性关系，对非线性曲线进行直线拟合，求出灵敏度 K_1 为 1.479，计算出的非线性误差为 0.026 78。

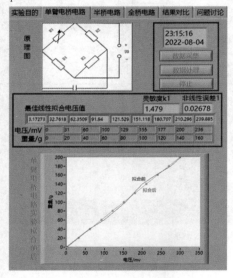

图 4-7　单臂电桥电路实验某次仿真结果图

（3）点击"停止"按钮，退出整个实验。

（三）实验注意事项

数据采集时需要在指定的路径选择数据源文件。本实验需要选择的数据源文件是在该实验程序所在文件夹内命名为"单臂电桥电路实验数据 ××"的文本文档。

三、半桥电路实验

点击"半桥电路"，进入实验界面，如图 4-8 所示。

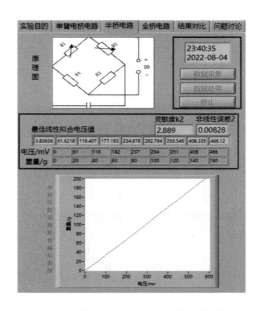

图 4-8　半桥电路实验某次仿真结果图

（一）实验原理

实验界面上清晰地呈现了实验所用的半桥电路图。电路中 4 个电阻为金属箔式应变片，其中应变片 R_1 和应变片 R_2 对称粘贴在被测弹性试件表面，两者承受的应变大小相同、极性相反，两个应变片接入电桥作为邻边，应变片 R_3，R_4 不承受应变。根据电阻式传感器的工作原理，通过半桥测量电路将电阻变化转换为电压变化，最终将得出所承受力与输出电压的关系。

半桥电路输出电压的表达式见模块二中项目一电阻式传感器实验的式 (2-11)，该式表明了半桥电路输入输出特性为线性，非线性误差可认为是零。

（二）实验内容与步骤

与单臂电桥电路实验类似，在图 4-8 半桥电路实验仿真界面中看到三个按钮，分别是"数据采集""数据处理"和"停止"按钮。

（1）点击"数据采集"按钮，开始测量，进行数据采集。这时用户会看到实验界面中显示出所采集的一组数据——电压值和质量值，采集的质量值与模块二中项目一电阻式传感器实验的实验二半桥电路性能实验对应，是在应变传感器托盘上放置的不同砝码的质量值。根据实验原理可知，加入不同质量的砝码时，测量电路的输出电压值与之有一一对应关系，因此该实验平台可直接采集实际实验的数据进行仿真。

（2）点击"数据处理"按钮，开始对测量（采集）的数据进行处理。该步骤主要包括电压值和质量值实际测量关系曲线绘制及重要的两个性能指标灵敏度和线性度（非线性误差）的计算。从图 4-8 某次仿真结果中可以看出，半桥电路实际输出电压值和质量值几乎为线性关系，求出灵敏度 K_2 为 2.889，计算出的非线性误差为 0.008 28。

（3）点击"停止"按钮，退出整个实验运行。

（三）实验注意事项

数据采集时需要在指定的路径选择数据源文件，本实验需要选择的数据源文件是在该实验程序所在文件夹内命名为"半桥电路实验数据××"的文本文档。

四、全桥电路实验

点击"全桥电路"，进入实验界面，如图 4-9 所示。

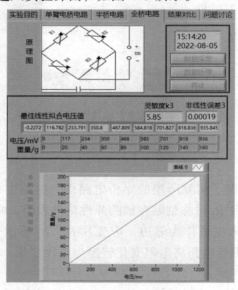

图 4-9　全桥电路实验某次仿真结果图

（一）实验原理

实验界面上清晰地呈现了实验所用的全桥电路图。电路中 4 个电阻为金属箔式应变片，4 个应变片均对称粘贴在被测弹性试件表面，两两相邻应变片承受应变大小相同、极性相反。根据电阻式传感器的工作原理，通过全桥测量电路将电阻变化转换为电压变化，最终得出所承受力与输出电压的关系。

全桥电路输出电压的表达式见模块二中项目一电阻式传感器实验的式 (2-12)，该式表明了全桥电路输入输出特性也为线性，非线性误差可认为是零。

（二）实验内容与步骤

与单臂电桥电路实验和半桥电路实验类似，在图 4-9 全桥电路实验仿真界面中看到三个按钮，分别是"数据采集""数据处理"和"停止按钮"。

（1）点击"数据采集"按钮，开始测量，进行数据采集。这时用户会看到实验界面中显示出所采集的一组数据——电压值和质量值，采集的质量值与模块二中项目一电阻式传感器实验的实验三全桥电路性能实验相对应，是在应变传感器托盘上放置的不同砝码的质量值。根据实验原理可知，加入不用质量的砝码时，测量电路的输出电压值与之有一一对应关系，因此该实验平台可直接采集实际实验的数据进行仿真。

（2）点击"数据处理"按钮，开始对测量（采集）的数据进行处理。该步骤主要包括电压值和质量值实际测量关系曲线绘制以及重要的两个性能指标灵敏度和线性度（非线性误差）的计算。从图4-9某次仿真结果中可以看出，全桥电路实际输出电压值和质量值几乎为线性关系，求出灵敏度 K_3 为5.85，计算出的非线性误差为0.000 19。

（3）点击"停止"按钮，退出整个实验。

（三）实验注意事项

数据采集时需要在指定的路径选择数据源文件，本实验需要选择的数据源文件是在该实验程序所在文件夹内命名为"全桥电路实验数据××"的文本文档。

五、实验对比

完成以上电桥电路的三个实验后，点击选项控件中的"结果对比"按钮，如图4-10所示，三个实验得到的灵敏度与非线性误差显示在该对比界面中，帮助用户直观、清晰地观察并对比实验结果。

图4-10　电桥电路实验仿真结果对比图

六、问题与讨论

点击选项控件中的"问题讨论"按钮，界面如图4-11所示。请同学们分组讨论，回答以下三个问题：

（1）比较单臂、半桥、全桥测量电路的灵敏度和非线性误差，得出相应的结论。

（2）引起单臂电桥电路测量时非线性误差的原因是什么？

（3）拓展性问题：根据实验总结全桥电路优缺点有哪些。查阅资料，总结归纳全桥电路应用场合有哪些。

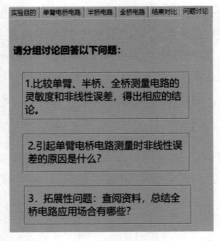

图4-11 压力传感器仿真实验问题与讨论

针对问题（1），经过实验对比后能够清晰地发现三种电桥电路的灵敏度和非线性误差的数据区别：半桥电路的灵敏度是单臂电桥电路灵敏度的两倍；全桥电路的灵敏度是半桥电路灵敏度的两倍，是单臂电桥电路灵敏度的四倍；单臂电桥电路有非线性误差，半桥电路与全桥电路几乎没有非线性误差。问题（2）和拓展性问题留给大家以小组为单位讨论一下吧！

项目二　温度传感器仿真实验

 知识目标

1.熟悉几种常用温度传感器并阐述它们的温度特性。

2.能够区分热电阻温度传感器、热敏电阻温度传感器、热电偶温度传感器和集成温度传感器。

 能力目标

1.能够选择合适的接线方式并把铂热电阻接入测量电路。

2.增强运用对比方法分析与解决问题的能力。

3.增强团队协作能力。

温度传感器仿真实验项目主要是针对热电阻温度传感器和集成温度传感器的测温仿真实验，包括实验目的、温度特性实验模块及问题讨论。本实验项目以铂热电阻为温度传感器设计虚拟仿真实验，最常用的材料是铂和铜。该虚拟仿真实验在工业上被广泛用来测量中低温区 –200 ～ 500 ℃的温度。AD590 集成电路温度传感器一般工作电压在 4.5~20 V 范围内，用于 –50 ～ +150 ℃的温度测量。

通过 LabVIEW 程序可以选择温度值，然后点击采样，经过程序计算，得到对应采集的电压值。将每一个温度值以及对应采集到的电压值存储到温度特性实验数据表格中，并根据数据绘出温度与压力关系图。

一、实验目的

在进入温度传感器实验模块后，先要明确实验目的：
（1）能够阐述铂热电阻测温的基本原理。
（2）通过实验分析其温度特性。
（3）能够正确选择热电阻接线方式。

二、铂热电阻温度特性实验模块

点击"温度特性实验模块"按钮，进入该实验界面，如图 4–12 所示。

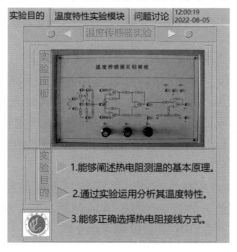

图 4–12　温度传感器仿真实验目的界面

（一）实验原理

实验界面上清晰地给出了实验所用的铂热电阻测量电路图。电路中 R_1 为铂热电阻，其余三个桥臂电阻是温度系数小的电阻。铂热电阻采用三线制接入测量电路，其三根引出导线相同，阻值都是 r。其中一根与电桥电源串联，对电桥的平衡没有影响；另外两根分别与电桥的相邻两臂串联。利用铂热电阻阻值随温度变化而变化的特性，把铂热电阻接入一定的测量电路，通过测量电路将阻值变化转换为电压变化。这样，测量电路输出电压和被测温度具有单值函数关系，因此可以通过测量电路输出电压获得被测温度值。

（二）实验内容与步骤

如图4-13所示，温度特性实验界面有三个按钮，其中一个为"温度值"，另外两个分别是"采集"和"停止"按钮。

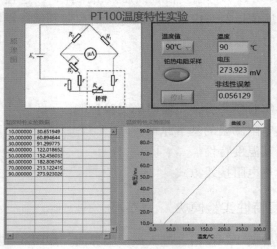

图4-13　PT100热电阻温度特性实验仿真结果图

（1）点击"温度值"的下拉列表按钮，选择需要的温度。

（2）点击"采集"按钮，开始测量，进行数据采集。这时用户会看到实验界面中显示出所采集的温度值和当前电压值，其同时显示在数据统计表格中。每点击一次"采集"按钮都会即时测量出对应电压值，同时把温度值和对应电压值依次统计在数据表格中。采集的温度值和电压值对应项目七热电式传感器实验的实验三铂电阻温度特性实验数据测量结果，本仿真实验设置温度范围为 0 ～ 120 ℃。

（3）仿真平台同时提供数据处理功能，主要包括电压值和温度值实际测量关系曲线绘制以及线性度（非线性误差）的自动计算。实验结果显示，铂热电阻测量电路电压值和所处温度值几乎为线性关系，非线性误差仅为 0.079 7。

（4）点击"停止"按钮，退出整个实验运行。

（三）实验注意事项

该温度特性实验的数据采集设计中采用单值单次采集方法，点击一次"采集"按钮，代表测量一次，输出当前电压和温度值。

二、集成温度传感器温度特性实验模块

随着科技的发展，各种新型的集成电路温度传感器不断涌现，并大批量生产和广泛应

用。这类集成电路测温器件有以下几个优点：①温度变化与电压的变化呈现良好的线性关系；②不像热电偶那样需要参考点；③抗干扰能力强；④互换性好，使用简单、方便。因此，这类传感器已在科学研究、工业和家用电器等方面被广泛用于温度的精确测量和控制。

集成温度传感器温度特性实验选用常见的 AD590。点击"AD590 特性实验"按钮，进入该实验界面，如图 4-14 所示。

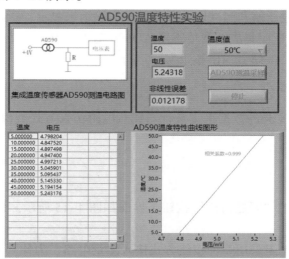

图 4-14　AD590 温度特性实验仿真结果图

（一）实验原理

实验界面给出了集成温度传感器 AD590 测温电路图。AD590 为电流输出型集成电路温度传感器，它的输出电流与温度具有良好的线性关系。通常 AD590 传感器要接入测温电路，使输出电流转换为常用的电压，原理图中一个电阻与 AD590 串接，电阻另一端接地，取电阻两端电压作为输出电压。AD590 所测温度转换为电流输出，该电流即流过串联电阻的电流，因此电阻两端电压随着温度的变化而变化，从而实现温度测量，这种温度传感器使用起来十分方便。AD590 集成电路温度传感器由多个参数相同的三极管和电阻组成，该器件的一般工作电压在 4.5 ～ 20 V 范围内，在一定温度下，相当于一个恒流源，一般用于 –50 ～ 150 ℃ 的温度测量。

（二）实验内容与步骤

在温度特性实验界面可以看到三个按钮，其中一个为"温度值"，另外两个分别是"AD590 测温采集"和"停止"按钮。

（1）点击"温度值"的下拉列表按钮，选择需要的温度。

（2）点击"AD590 测温采集"按钮，开始测量，进行数据采集。这时用户会看到实验界面中显示出所采集的温度值和当前电压值，其同时显示在数据统计表格中。每点击一次"AD590 测温采集"按钮都会即时测量出对应电压值，同时把温度值和对应电压值依次统计在数据表格中。采集的温度值和电压值对应模块二项目七热电式传感器实验的实验二集成温度传感器的测温特性实验数据测量结果，每增加 5℃采样一次，本仿真实验设置温度范围为 0 ～ 120 ℃。

（3）仿真平台同时提供数据处理功能，主要包括电压值和温度值实际测量关系曲线绘制以及线性度（非线性误差）的自动计算，通过程序设计自动计算出所测温度与输出电压的线性程度，绘制电压值和温度值关系曲线。实验结果显示，所测温度与输出电压的线性相关系数为 0.999，证明集成温度传感器 AD590 输入输出线性特性良好。

（4）点击"停止"按钮，退出整个实验运行。

（三）实验注意事项

AD590 温度特性实验的数据采集设计与铂热电阻仿真方式类似。在实验室的实验中，AD590 两端不能接反。

三、问题与讨论

点击选项控件中的"问题讨论"按钮，界面如图 4-15 所示。请同学们分组讨论，回答以下三个问题：

（1）实验中铂热电阻采用哪种接线方式接入测量电路，为什么采用此方式？

（2）分析并讨论：实际应用中，热电阻的不同接线方式分别适用于什么样的场合？

（3）分析并讨论：热敏电阻和热电阻在接线上有什么不同，为什么？

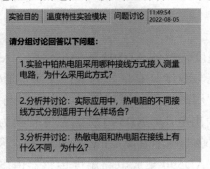

图 4-15　温度传感器仿真实验问题与讨论

项目三　位移传感器仿真实验

知识目标

1.能够阐述光纤传感器测量位移的工作原理。

2.能够阐述光纤传感器测量转速的工作原理。

⌖ **能力目标**

1. 分析被测反射面材料对光纤传感器测量位移的影响。

2. 能够对实际曲线进行直线拟合，并求出传感器的灵敏度。

3. 增强信息查询和沟通交流能力。

位移传感器仿真实验模块主要是对反射式光纤传感器动态位移特性进行测试与分析的实验。本实验模块基于铝、铜、铁三种不同的反射面进行实验。位移传感器仿真实验模块结构如图 4-16 所示，主要包括实验目的、铝反射面光纤位移传感器实验、铜反射面光纤位移传感器实验、铁反射面光纤位移传感器实验、图形对比、光纤测速应用的仿真实验及问题讨论。

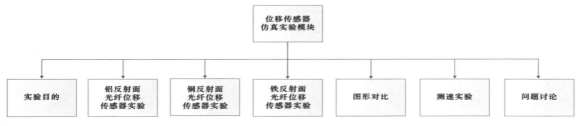

图 4-16　位移传感器仿真实验模块结构

一、实验目的

在进入位移传感器实验模块后，先要明确实验目的，如图 4-17 所示。

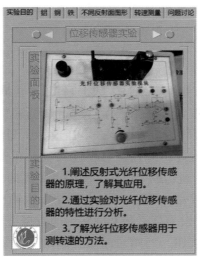

图 4-17　位移传感器仿真实验目的界面

（1）阐述反射式光纤位移传感器的原理，了解其应用。

（2）通过实验对光纤位移传感器的特性进行分析。

（3）了解光纤位移传感器用于测转速的方法。

二、铝反射面光纤位移传感器实验

在实验仿真界面中，点击"铝"按钮，进入实验界面，如图4-18所示。需要说明的是，这里的"铝"即"铝反射面光纤位移传感器实验"的简写。

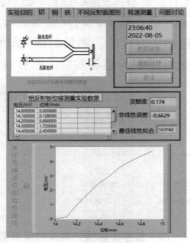

图4-18　铝反射面光纤位移传感器实验仿真结果图

（一）实验原理

反射式光纤位移传感器的工作原理可参见模块二中项目六的实验一光纤传感器位移特性实验的第三部分实验原理，这里不再赘述。

（二）实验内容与步骤

实验界面中有三个操作按钮，分别是"数据采集""数据处理"和"停止"按钮。

（1）点击"数据采集"按钮，开始测量，进行数据采集。这时用户会看到实验界面的实验数据表中显示出所采集的一组数据——电压值和所测位移值，这些采集的信息来源于模块二中项目六的实验一光纤传感器位移特性实验，随着光纤探头离反射面距离的增加，接收到的光强逐渐增加，到达最大值后又随两者距离的增加而减小。旋动测微器，使反射面与光纤探头端面距离增大，每隔0.1 mm读出一次输出电压值，被测位移量与之有一一对应关系，因此该实验平台直接采集实际实验的数据进行仿真。

（2）点击"数据处理"按钮，开始对测量（采集）的数据进行处理。该步骤主要包括电压值和位移值实际测量关系曲线绘制以及基本特性指标灵敏度和非线性误差的计算。图4-18是铝反射面光纤位移传感器实验某次仿真结果图。从图4-18中可以看出，位移测量电路实际输入输出特性为非线性，仿真平台自动计算出的非线性误差为0.662 9，对非线性曲线进行直线拟合，可求出灵敏度 K 为 0.174。

（3）点击"停止"按钮，退出整个实验。

（三）实验注意事项

数据采集时需要在指定的路径选择数据源文件，本实验需要选择的数据源文件是在该实验程序所在文件夹内命名为"铝反射面实验数据 ××"的文本文档。

三、铜反射面光纤位移传感器实验和铁反射面光纤位移传感器实验

在实验仿真界面选项中，点击"铜"按钮或者"铁"按钮，进入铜反射面光纤位移传感器实验界面或铁反射面光纤位移传感器实验界面。这两个实验设计和仿真内容与铝反射面光纤位移传感器实验类似，这里不再赘述。

四、图形对比

完成上述仿真实验，根据不同实验数据，我们会得到三个不同的位移特性曲线，将其放到同一界面进行对比，可以看出，同面积反射能力：铁大于铝大于铜。这说明在光纤位移传感器实验中，使用光纤位移传感器时，应该保证被测物体表面光洁，这样才能使反射回光纤的光强足够让传感器感应到。

另外，光纤传感器位移／输出电压（信号）曲线的形状取决于光纤探头的结构特性，但是输出信号的绝对值是被测表面反射率的函数。为了使传感器的位移灵敏度与被测表面反射率无关，可采用归一化过程，即将光纤探头调整到位移／输出曲线的波峰位置，调整输入光，使输出信号达到满量程，这样就可对被测量表面的颜色、灰度进行补偿。

五、光纤传感器测速实验

（一）实验原理

本实验模块利用光纤位移传感器探头对旋转被测物反射光的明显变化产生电脉冲，检测随电压的变化转速的变化。将光纤传感器安装在传感器支架上，使光纤探头对准转动盘边缘的反射点，探头距离反射点 1 mm 左右（在光纤传感器的线性区域内），使电压逐步增大，并记下相应的电压／频率表读数，将数据存储到文档中，进行实验时调用文档，记录相应数据到数据表中，然后绘制相应图形。根据以上原理得出转速 n 与频率 f 之间的对应关系为

$$n = \frac{f}{Z} \tag{4-1}$$

式中：Z——反射点系数。

最后可根据测量出的电压、频率关系得出电压与转速的特性关系。

（二）实验内容与步骤

在图 4-19 所示的光纤传感器测速仿真界面中看到有两个按钮，分别是"数据采集"和"停止"按钮。

（1）点击"数据采集"按钮，开始测量，进行数据采集。实验界面中显示出所采集的一组数据——电压值和频率值，采集的数据对应模块二中项目六实验二光纤传感器的测速实验，使电压逐步增大，记下相应的电压 / 频率表读数。

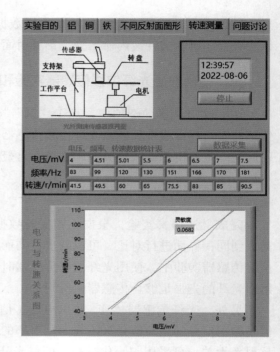

（2）数据处理：根据式 (4-1) 转速和频率的关系，得出电压和转速的关系并绘制两者特性关系曲线。该步骤主要包括电压值和转速值实际测量关系曲线绘制、两者拟合直线绘制以及特性指标灵敏度的计算。从图 4-19 中可以看出，光纤测速传感器输出电压值和转速值为非线性关系，对非线性曲线进行直线拟合，求出灵敏度 K 仅为 0.068 2。需要说明的是，每次采集数据时可选择不同的实验数据组，选择的电子文本数据不同，仿真结果也有一定的偏差，灵敏度也不同。

（3）点击"停止"按钮，退出整个实验。

图 4-19　光纤传感器测速仿真界面

（三）实验注意事项

数据采集时需要在指定的路径选择数据源文件，本实验需要选择的数据源文件是在该实验程序所在文件夹内命名为"铝反射面实验数据 ××"的文本文档。选择的存储数据的电子文本不同，仿真结果也有一定偏差。

六、问题与讨论

点击选项控件中的"问题讨论"按钮。请同学们分组讨论，回答以下问题：

（1）判断铁、铝、铜同面积的反射能力大小。

（2）结合本次实验结果，查阅资料，说明光纤位移传感器测位移时对被测体的表面有什么要求。

（3）分析、思考：光纤传感器测试实验测试结果存在偏差的原因是什么？

（4）拓展性问题：查阅资料，讨论光纤位移传感器测位移时对反射面的形状有没有要求。

（5）拓展性问题：你能设计一台手持式非接触式光纤转速仪吗？

项目四 虚拟电子秤设计

◈ 知识目标

1. 能够指出 LabVIEW 编程的 VI 的三个组成部分，初步认识各部分的功能。
2. 认识下拉列表和条件结构并指出它们的组成部分和作用。

◈ 能力目标

1. 能够根据设计要求，采用 LabVIEW 语言编制虚拟电子秤程序。
2. 体会 LabVIEW 在虚拟仪器设计过程中的优越性。
3. 初步学会运用下拉列表和条件结构编程。
4. 培养自主学习兴趣，培养诚实守信的品质。

　　LabVIEW 是美国 NI 公司开发的图形化编程语言。对自动化测试、测量方面的编程而言，LabVIEW 的出现是革命性、创造性的。原因就是它从根本上改变了人们习惯的、传统的撰写代码的编程方式，取而代之的是使用鼠标来点击、拖拽图形、图标、连线节点等方式来进行编程。这些图形、图标所代表的"控件"或"函数"是通过对高级语言进行高度抽象得到的，所以整个编程的过程就变得非常简单、方便、有效，从而彻底将编程人员从复杂的语法结构、众多的数据类型和不停地编写代码、编译、查找错误中解放出来，使程序设计者能够更加专注于应用程序的设计，而不用担心语法、指针等是否使用正确。这种编程方式大大降低了程序设计的复杂度。因此，初学 LabVIEW 语言编程，上手是非常容易的。

　　物品质量的传统量具是杆秤和盘秤。随着科学技术的进步，人们对测量技术的要求越来越高。电子测量技术在各个领域得到了越来越广泛的应用。传统的电子测量仪器由于其功能单一，体积庞大，已经很难满足实际测量工作中多样性、多功能的需要。以虚拟仪器为代表的新型测量仪器改变了传统测量方式，充分利用计算机强大的软硬件功能，把计算机技术和测量技术结合起来，融合了电子测量、计算机和网络技术，特别是基于计算机平台的各种测量仪器，由于成本低、使用方便等优点，得到了广泛的应用。

　　随着人们生活水平的不断提高，计算机走进千家万户。传统的电子秤都是商家提前制作好的成品，不能和现在的计算机连接，功能单一，设计一个具有很高使用价值的虚拟电子秤能够增强仪器的可操作性和可维护性。

　　本设计结合传感器技术、数据采集技术和虚拟仪器技术开发、设计一种基于 LabVIEW 的虚拟电子秤，该系统采用普通 PC 机作为主机，将图形化可视测试软件 LabVIEW 作为软件开发平台，将被测质量转换处理，进行数据采集，实时进行处理、显示。

　　本节以某一优秀学生的电子秤仿真设计为例，介绍虚拟电子秤的设计与仿真。

一、功能要求

（1）数据采集功能：实现对串口数据采集的模拟，设置传感器的输出电压为 0～5 V。（用随机数代替）

（2）量程功能：0～5 kg，0～10 kg，0～20 kg，0～50 kg。

（3）数据实时显示功能：当前质量显示，以及通过设置单价输入对当前价格实时显示。

（4）数据储存功能：界面数据表格中的时间、质量、价格分列显出，数据以电子表格形式储存。

（5）超限报警：根据压力传感器的测量范围设定一个数据上限，当重物的质量超过这个值时，灯光报警。

（6）登录功能：用户输入正确的账号和密码时，才可进行仿真，系统可以弹出登录成功的窗口，也可直接跳转。

（7）当前显示功能：可以显示当前时间和日期。

（8）良好界面：对界面进行美化修饰。

（9）自由发挥其他功能。

二、设计方案

电子秤结构如图 4-20 所示。

图 4-20　电子秤结构图

电子秤主要由测量质量并传输压力信号的传感器电路、信号转换和数据采集的电路以及最后计算机上的数据处理软件组成。

电子秤的压力传感器采用全桥测量电路。在全桥测量电路中，需要将受力性质相同的两个电阻应变片连接在电桥的对边，如果电阻应变片的初始电阻值为 $R_1=R_2=R_3=R_4$，其变化值 $\Delta R_1=\Delta R_2=\Delta R_3=\Delta R_4$ 时，其桥路输出电压 $U=KE\varepsilon$。桥式测量电路包括四个电阻，电阻应变片可以是这四个电阻中的任何一个，电桥的两个对角线分别接入工作电压 U_r 和输出电压 U。

信号调理电路采用了三运放大电路，其主要的元件是三运放大器。一般情况下，在很多需要使用 A/D 转换和数字采集的单片机系统中，传感器所输出的模拟信号微弱，所以需要通过一个放大器对模拟信号进行一定程度的放大，从而满足 A/D 转换器对输入信号电平的要求。

PCI-6024E 数据采集卡支持 DMA 方式以及双缓冲区模式，这样就能够保证对信号进行连续的测量和收集。将 PCI-6024E 数据采集卡连接到计算机主板上的 PCI 插槽中，接好 50 芯的数据线和转接板等多个附件。安装好硬件部分后，相应的 LabVIEW 和 NI-DAQ 就会出现在 Measurement & Automation Explorer 的 Configuration → Mysystem → Devices and Interfaces 列表中。在名为 PCI-6024E 的设备上单击鼠标右键，在对话框中选择 NI PCI-6024E 的一项 "DEV1"，然后进行 Properties 对话框配置、自我配置、Test Panels、AO 测试、DI/O 测试、Counter I/O 测试、复位设备、创建任务。目前，很多数据采集卡内部集成了信号调理及 A/D 转换电路，所以不需要单独设置信号调理及 A/D 转换。

本书重点介绍 LabVIEW 软件虚拟仿真部分。根据功能需求分析，所设计的虚拟电子秤由五个模块构成，即用户注册登录模块、量程选择模块、称重模块、商品信息显示与储存模块、超限报警模块，如图 4-21 所示。

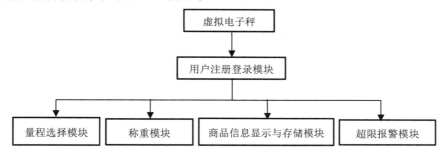

图 4-21　虚拟电子秤仿真设计框架图

三、各模块设计

每个模块设计都含有前面板设计和程序框图设计。前面板设计主要是选择输入控件、显示控件等。程序框图设计是根据功能需求和原理选择合适的函数，通过函数运算及连线实现复杂的功能。下面一一详细介绍各模块的设计。

（一）用户注册登录模块设计

该模块是用来验证用户身份的，使用户安全登录。用户先注册个人信息。注册成功后再进行登录，登录成功后进入下一步称重模块。因此，该模块包含两个子模块：用户注册模块和用户登录模块。

1. 用户注册模块设计

用户注册模块设计流程如图 4-22 所示，用户输入相关信息后，判断输入的信息是否有效。当用户输入的账户信息有效时，系统弹出交互窗口，提示用户注册成功。注册成功后，用户可以根据需要进行后续的操作，可以继续进行操作或者退出。但当用户输入的账户信息无效时，系统会弹出交互对话窗口，提示用户注册失败，需要重新输入。

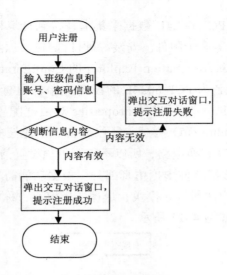

图 4-22　用户注册模块设计流程图

　　用户进入注册界面进行用户注册时，通过单击"注册"按钮即可以实现对用户注册模块 VI 的调用，将页面跳转至用户注册界面，图 4-23 是用户注册模块的程序框图。"注册"按钮被按下，触发事件结构内的程序，将账户信息文件的路径传递给用户注册模块 VI，并调用用户注册模块 VI，实现页面跳转。用户注册完成后，系统读取账户信息，将新注册的账户信息载入登录界面的班级选择下拉栏中，以此实现对新注册班级在登录界面班级选择下拉栏中的显示。

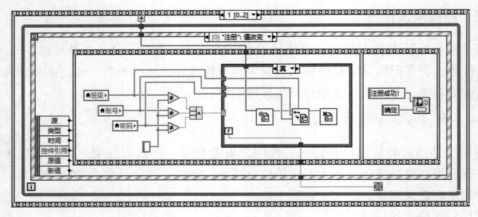

图 4-23　用户注册模块程序框图

　　进行注册时，只需要在用户界面对应的窗口内输入用户信息即可，先判断输入窗口的内容是否为空。当输入内容有效时，系统会弹出对话窗提示用户注册成功。当输入内容无效时，系统会弹出交互对话窗口，提示用户重新输入。

　　用户注册模块经过运行、调试后可以实现预期功能，程序能够正常运行，所设计的用户注册界面如图 4-24 所示。用户可根据界面上的提示信息进行班级、账号和密码的输入，注册成功后，系统会弹出窗口提示注册成功。

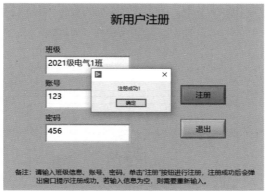

图 4-24 用户注册成功界面

2. 用户登录模块设计

用户登录模块的程序如图 4-25 所示。通过程序设计实现虚拟电子秤平台的登录。

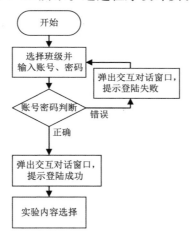

图 4-25 用户登录模块程序图

在登录界面提供班级选择和账号、密码的输入窗口，用户输入相关信息后点击"登录"按钮，能够实现对账号、密码的判断。若账号、密码输入正确，系统弹出交互对话窗口提示登录成功，用户可以进行实验内容的选择；若账号、密码输入错误，系统弹出窗口提示用户登录失败，此时需要重新输入账号、密码。

在登录模块程序设计中先使用当前 VI 路径函数，读取登录模块所在的文件路径，然后通过拆分路径函数和创建路径函数，在登录模块所在的文件夹中创建了一个名为"账户信息"的配置文件，用来存储所有的账户信息，并输出该文件的存储路径，之后进行账户信息文件内容的读取，通过以下程序实现了对文件内容的读取。创建和读取账户信息文件的程序如图 4-26 所示。若账户信息文件内已经存储了内容，则将所需要的内容加载到登录界面的班级选择下拉栏中。若账户信息文件为空，则无须加载。然后将读取出来的内容传递至后续的账号、密码判断程序中，对用户输入的账户信息进行判断。

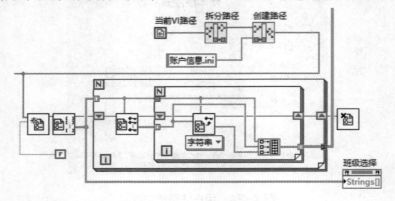

图 4-26　创建和读取账户信息文件的程序框图

密码判断功能通过索引数组函数来实现。索引数组函数接收到账户信息文件中存储的内容后，在 for 循环内将存储的内容与用户输入的账户信息进行比对，以此实现对账号、密码的判断。

登录模块的程序如图 4-27 所示，在 for 循环内将读取的账户信息与用户输入的信息逐一进行比较。当判断账户信息为"真"时，执行条件结构"真"中的程序，弹出交互对话窗口，提示用户登录成功，然后通过调用子 VI 的方式跳转至实验选择界面。当判断账户信息为"假"时，执行条件结构"假"中的程序，弹出交互对话窗口，提示用户输入的信息有误需要重新输入。

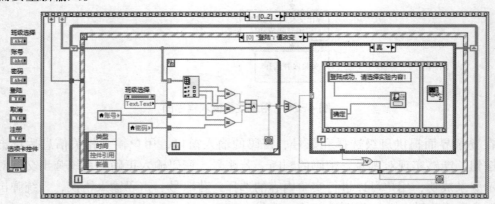

图 4-27　登录模块程序框图

登录模块的用户界面为用户提供了班级选择和账号、密码输入窗口。在图 4-28 所示的界面中，用户已经注册了班级为 2021 级电气 1 班、账号为 123、密码为 456 的用户信息。但是在用户登录时输入了错误的密码信息，提示："登录失败，请重试！"，如图 4-28 所示。

图4-28　用户登录界面

（二）量程选择模块设计

使用下拉列表来设计量程选择模块，下拉列表选择路径为前面板的控件选板→下拉列表与枚举→文本下拉列表，见图4-29。点击鼠标左键，即可在前面板创建文本下拉列表。

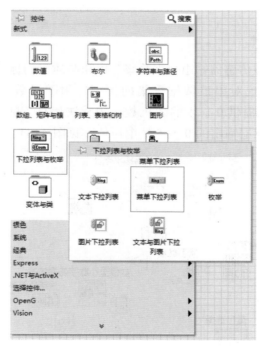

图4-29　文本下拉列表选择路径

在前面板创建的下拉列表上点击鼠标右键，并通过属性里面的编辑项设置各秤质量量程与输出值的对应关系，如图4-30所示。如第一个设置为0～5 kg，其对应下拉列表的输出端线的值为0，第二个设置为0～10 kg，其对应下拉列表的输出端线的值为1，以此类推，第三个设置为0～20 kg，其对应下拉列表的输出端线的值为2……

图 4-30　文本下拉列表编辑项设置

（三）称重模块设计

称重模块要完成模拟传感器输出数据采集、电压与质量的标定及实时称重显示。

（1）数据采集：实现对串口数据采集的模拟，用随机数模拟传感器的输出电压。LabVIEW 程序函数选板提供 0 ～ 1 的随机数，用乘法运算（随机数乘以 5）得到 0 ～ 5 的随机数，刚好模拟传感器输出的 0 ～ 5 V 电压值，见图 4-31。

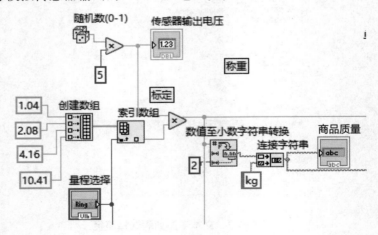

图 4-31　称重模块程序设计

（2）电压与质量的标定：称重前对传感器输出电压与物品质量进行定量关系标定。根据电子秤的测量原理可知，传感器输出电压与质量之间具有线性关系。因此，需对不同量程的电压与质量进行关系标定。为了确保测量的准确性，常常使测量值略小于仪器允许的最大值。本设计的虚拟电子秤输出电压最大值为 5 V，我们选择输出电压为 4.8 V，略小于仪器允许的最大值 5 V。当设置的量程为 0 ～ 5 kg 时，计算标定系数为 1.04，即电压 4.8 V 乘以标定系数 1.04 等于质量 5 kg。若采集的传感器输出电压（0 ～ 5 的随机数）超过 4.8 V，如采集电压为 4.9 V 时，电压 4.9 V 乘以标定系数 1.04 等于质量 5.096 kg，超出量程 0 ～ 5 kg，则进行超限报警。同理，当量程为 0 ～ 10 kg 时，计算标定系数为 2.08，量程为 0 ～ 20 kg 时，计算标定系数为 4.16，量程为 0 ～ 50 kg 时，计算标定系数为 10.41，以此类推，标定设置完成，程序设计参见图 4-30，用一维数组来存储标定系数。

（3）实时称重显示：用户选择不同量程时，要通过索引数组来索引出数组中存储的所需标定系数。例如，当用户在前面板界面选择量程为 0 ～ 10 kg 时，量程选择的下拉列表的输出值为 1，因此程序就会在数组中把第 1 个元素（数组从第 0 位排序）2.08 索引输出。实时称重时，用户点击前面板界面的"称重"按钮，程序会把采集的电压值乘以标定系数 2.08，得到商品的质量。为了显示出质量单位，可以采用字符串连接编程的方法，也可以直接在前面板输出单位的文本文字。

（四）商品信息显示与存储模块设计

为了使虚拟电子秤更加真实、人性化，应该使其具备商品信息显示与存储功能（见图 4-32）。

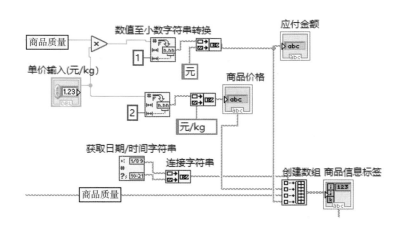

图 4-32 商品信息显示与存储模块程序设计

商品信息显示：我们通过前面板输入控件设置单价输入，通过单价乘以商品质量计算并输出商品金额；选择 LabVIEW 程序函数选板→定时→获取日期 / 时间字符串来实时显示当前时间。把当前时间、商品价格、商品质量及应付金额合并创建为数组，并用簇实现输出商品标签，类似超市打印的商品信息标签，见图 4-33 所示的商品信息标签，这些信息同时显示在电子秤用户面板上，见图 4-34 所示的虚拟电子秤面板。

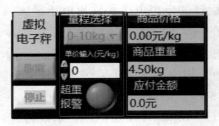

图 4-33　商品信息标签　　　　图 4-34　虚拟电子秤面板

（2）商品信息存储：为了方便统计商品销售信息，虚拟电子秤把这些信息通过LabVIEW 的写入文本文件功能编写程序，把销售信息自动统计到后台系统。商品信息存储方式见图 4-35，程序设计见图 4-36 所示。运行程序称重时，先选择销售信息存储路径，可以根据需要在任何路径下建立一个 Word 文档。系统自动把销售信息存储到该文件中。本程序设计比较简单，但是只能存储最后一次信息。读者可开动脑筋，思考并编制存储多次称重测量的商品信息的程序。

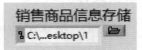

图 4-35　商品信息存储方式

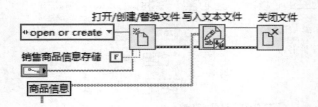

图 4-36　商品信息存储程序设计

（五）超限报警模块设计

若采集的传感器输出电压（0 ～ 5 的随机数）超过人为设定值 4.8 V，所称重的商品就超出所选择的量程，则进行超限报警，商家可重新选择量程。

选择 LabVIEW 的函数选板中常用的条件结构（case structure）编制程序，实现超限报警。条件结构包括一个或多个子程序框图（分支）。条件结构执行时，仅有一个分支执行。连线至选择器接线端的值决定要执行的分支。条件结构由三部分组成，如图 4-37 所示。①选择器标签：显示相关分支执行的值。可指定单个值或值范围。②条件选择器：根据输入数据的值，选择要执行的分支。输入数据可以是布尔值、字符串、整数、枚举类型或错误簇。连线至条件选择器的数据类型决定了可输入条件选择器标签的分支。③子程序框图（分支）：包含连线至条件选择器接线端的值与条件选择器标签中的值相匹配时执行的代码。右键单击条件结构边框并选择相应选项，可修改子程序框图的数量或顺序。默认的条件结构具有两个分支：真分支和假分支。条件选择器②为绿色的布尔量，与选择器标签①就是真和假。当条件选择器②的输入值为"真"时，程序就选择标签为"真"的分支去执行分支子程序；当条件选择器②的输入值为"假"时，程序就选择标签为"假"的分支去执行分支子程序。

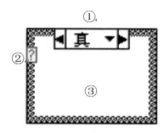

图 4-37　默认状态的条件结构

运用条件结构时有两点需要注意：第一，条件选择器②输入值类型与选择器标签①的标签内容类型必须保持一致。图 4-38 所示的超限报警程序中条件选择器②为数值型，对应的选择器标签①也为数值型，标签内容为数字。第二，条件结构必须设置默认分支。通过选择器标签指定默认分支。默认分支被视为基本分支。除非用户指定其他分支，否则程序运行时将选择默认分支去执行分支程序。

图 4-38 所示的超限报警程序设计中，若用户选择量程为 0~50 kg，量程选择的下拉列表的输出值为 3，即条件选择器②的输入值，那么程序执行选择器标签为 3 的分支程序。当称重并计算的商品质量大于 50 kg，大于号输出端输出一个"真"的布尔量（绿色线）并赋予超重报警灯，使其发出红光，实现报警，例如，商品质量为 50.46 kg，超限报警灯发红光报警。

这里读者也可以进行拓展设计，比如加入声音报警、语音提示报警等。

图 4-38　超限报警程序设计

虚拟电子秤设计要进行界面修饰与美化。图 4-34 所示的虚拟电子秤面板中，插入了一个漂亮的电子秤称重的图片，并把操作信息整齐地放在合理位置，搭配便于观察和获取信息的颜色，从而增强用户的体验感。

本节从设计需求、设计方案以及用户注册登录模块、量程选择模块、称重模块、商品信息显示与储存模块、超限报警模块等方面这五个模块详细地介绍了基于 LabVIEW 的虚拟电子秤的设计过程，设计简单，操作性强，可移植，界面友好。

四、问题与讨论

（1）LabVIEW 作为图形化编程语言，它的优势有哪些？

（2）请思考并和同伴讨论：虚拟电子秤设计中若增加声音播报，如何设计呢？

（3）能否把你设计的虚拟电子秤和实际电子秤结合起来进行实际应用呢？

项目五　虚拟交通灯设计

🧭 知识目标

1. 学习 LabVIEW 语言的编程思想和编程规范。

2. 能够指出 LabVIEW 控制选板和函数选板中常见的 VI。

🧭 能力目标

1. 采用 LabVIEW 图形化编程语言进行简单的虚拟交通灯程序设计。

2. 体会 LabVIEW 在虚拟仪器设计过程中的优越性。

3. 利用条件结构进行嵌套编程。

4. 培养勇于创新和精益求精的大国工匠精神。

近年来，在快速城市化和经济发展的影响下，城市交通量迅速增长，交通问题成为困扰许多大城市的通病，其中十字路口是造成交通堵塞的主要"瓶颈"。随着计算机技术的发展，虚拟仪器技术在数据采集、自动测试和仪器控制、数字信号和通信仿真等领域得到了广泛应用，推动系统和测量控制技术发生了深刻的变化，"软件就是仪器"已经成为测试与测量技术发展的重要标志。本设计利用功能强大的 LabVIEW 编程软件进行十字路口虚拟交通灯设计，可实现红、黄、绿三种颜色信号灯分别在一定时间段内点亮。本仿真具有各种信号灯点亮颜色、倒计时显示以及人行道信息指示等功能，编程简单、灵活、可靠性高，而且结合硬件部分设计，成本低，具有良好的经济效益。

本节以某一优秀学生的虚拟交通灯仿真设计为例进行介绍。

一、功能要求

（1）模拟实际十字路口交通灯，具有红、绿、黄三种信号灯来控制交通。

（2）虚拟交通灯一个循环周期为 150 s：南北直行通行时间为 $0 \text{ s} \leqslant t < 60 \text{ s}$，南北左转弯通行时间为 $60 \text{ s} \leqslant t < 85 \text{ s}$，东西直行通行时间为 $85 \text{ s} \leqslant t < 125 \text{ s}$，东西左转弯通

行时间为 $125\,\mathrm{s} \leqslant t < 150\,\mathrm{s}$，所有右转弯设置为常绿通行。

（3）良好界面：可插入一些图片、修饰框等，对仿真界面进行美化；布局合理，字体颜色、大小合适，整洁、大方、美观。

（4）自由发挥，拓展其他功能，如实时显示当前时间。

二、总体设计方案

该模拟交通灯设计主要包括硬件设计和软件仿真。硬件部分是电源管理和显示模块，主要负责接收由计算机传输来的控制信息，该模块在获取控制命令后对交通信号灯进行相应的交替点亮和定时显示。软件仿真模块主要控制交通信号灯的交替点亮和持续时间，本节重点介绍软件仿真部分。

《中华人民共和国道路交通安全法》第二十六条："交通信号灯由红灯、绿灯、黄灯组成。红灯表示禁止通行，绿灯表示准许通行，黄灯表示警示。"根据《中华人民共和国道路交通安全法》，并实地调查某十字路口交通灯控制情况，本交通灯设置四组信号灯，分别控制十字路口四个不同方向的交通。每个方向的信号灯分别由三个灯组成，分别控制直行、左转、右转交通。另外，人行道也设置相应的红绿灯控制交通，确保行人的交通安全。虚拟交通灯仿真设计框架如图 4-39 所示，先进行整体时间分配模块设计，再对各个方向的交通信号灯进行前面板和程序设计。

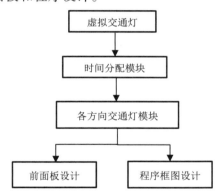

图 4-39　虚拟交通灯仿真设计框架图

三、仿真程序设计

LabVIEW 最大的优点是用图形化编程语言——G 语言编写程序，产生的程序是框图的形式。LabVIEW 具有界面友好、操作简单、开放周期短等优点。它广泛地被工业界、学术界和研究实验室接受，被视为一个标准的数据采集和仪器控制软件，可通过在前面板放置控件模拟真实仪器。LabVIEW 软件是 NI 设计平台的核心，也是开发测量或控制系统的理想选择。本节虚拟交通灯依然借助 LabVIEW 2017 编程设计。

（一）时间分配模块设计

时间分配是本设计的关键。此交通灯一个循环周期为 150 s。本设计用 "elapsed time" 节点产生计时，还可以在前面板显示当前的时间；用 "In Range and Coerce" 对时间进行分段，利用 case 条件结构来控制每个工作阶段的程序，这样，每个时间段内执行相应的 case 结构程序，控制相应交通灯的状态，各状态时间分配和控制程序如图 4-40 所示。0 s ≤ t < 60 s 时，执行北直南直绿灯和黄灯相应程序；60 s ≤ t < 85 s 时，执行北左南左绿灯和黄灯相应程序；85 s ≤ t < 125 s 时，执行东直南西绿灯和黄灯相应程序；125 s ≤ t < 150 s 时，执行东左西左绿灯和黄灯相应程序。

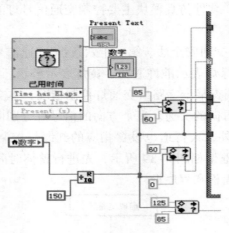

图 4-40　时间分配程序设计

（二）时间前面板设计

前面板是人机交互界面，其设计要尽量符合实际应用情况。在 LabVIEW 环境下，图形化编程已经取代了传统的编程方式，并且提供了非常直观的用户编程界面和用于显示仿真结果的前面板。

信号灯采用布尔变量，其可见属性和不可见属性的颜色是可调的。除了右转灯外，四个方向的左转和直行指示灯均需设置黄灯。在直行和左转的每个信号灯的位置的前面板设置两个布尔变量并重叠放置在一起。其中一个布尔变量作为红绿转换灯，另外一个作为黄灯。红绿灯的布尔量分别将可见属性设置为实际应用的红灯，将不可见属性设置为实际应用的绿灯。

黄灯的设计是一个难点，也是本设计的创新点。本设计主要利用了属性节点的"可见"属性来设计黄灯。在直行和左转灯位置设置新的布尔变量并叠放在其上层，此新的布尔变量"真""假"颜色均设置为统一的黄色。在某个方向需要点亮黄灯的时间段内则将其"可见"属性节点端线与真布尔常量相连接，程序运行时黄灯可见。提醒和警告此方向的车辆信号灯将变为红灯。其他时间则需要点亮红、绿灯，把黄灯设置为不可见，方法为将其"可见"属性与假布尔常量相连接。这样就实现了各方向黄灯的设置。在灯下方显示的数字是相应灯点亮的倒计时。另外，根据实际交通情况，本设计还设置了人行横道。

（三）程序框图设计

以南北直行信号灯设计为例进行说明。不同时间段对应 case 结构框架中相应的分支程序。case 结构的控制条件是"In Range and Coerce"的"？"端口输出的判断值。当时间条件满足 $0\,s \leqslant t < 60\,s$ 时，执行对应的 case 结构里的程序。把需要点绿的南直、北直、南北人行道以及四个右转灯与布尔真常量连接，把其他需要点红的信号灯与布尔假常量连接。用一常值 60 s 减去信号灯已亮时间，系统将所得结果送去时间显示器，时间显示器显示南北方向倒计时。东西方向倒计时是南北方向倒计时再加上左转需要的时间 25 s。交通信号灯程序设计见图 4-41，该图中运行状态为南北直行可通行，其他方向信号灯程序类似。

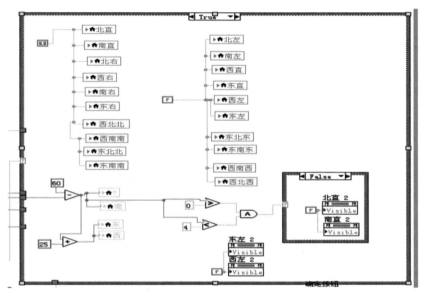

图 4-41 南北直行可通行程序设计

采用 NI 公司的 LabVIEW 可视化编程语言进行了十字路口虚拟交通灯仿真设计，每个方向信号灯分别由直行、左转、右转三个灯组成，每个灯都有红、绿、黄三种颜色按规定时间点亮，可控制十字路口四组交通灯的状态转换，指挥过往车辆和行人安全通行。该仿真设计编程简单，修改方便，有良好的人机交互界面，而且成本低，可靠性强，为实现交通系统智能控制提供了新途径。

四、问题与讨论

（1）思考：从 LabVIEW 程序调试过程中你有什么发现？它是按照什么模式运行 VI 的呢？这种模式的优缺点是什么呢？

（2）请思考并和同伴讨论：虚拟交通灯设计中实现信号灯的控制有没有其他编程方法？具体如何设计呢？请你尝试编程吧。

项目六　虚拟售货机设计

知识目标
1. 学习并总结 LabVIEW 编程技巧。
2. 学习并指出前面板美化时常用的修饰控件。
3. 认识事件结构并指出其组成部分和作用。

能力目标
1. 采用 LabVIEW 图形化编程语言进行简单的虚拟售货机程序设计。
2. 利用前面板常用的修饰控件美化前面板界面。
3. 运用事件结构进行程序编制。
4. 具备大胆创新精神。

　　自动售货机是一种商业自动化设备，提供自动售货操作，无须人工协助，具有操作更灵活的优点。自动售货机作为自动化商业机械的代表被广泛用于公共场所自动售货，给人们的生活带来了极大的方便。通俗一点，自动售货机就是投入一定量的钱币，通过简单的操作便可以进行自主选购商品的机器。从整体来看，目前无人零售产业还处于发展的初期，它的诞生和发展充分体现了当代科技正朝着高度智能化的方向发展。自动售货机可以节约人力资源，并且由于所占用的空间比减小，可以在应用时适应消费模式和消费环境的变化。

　　自动售货机的普及程度越来越高，主要原因是消费者通过自动售货机购买商品，操作起来非常简单，购物所用的时间会更少。使用更方便和节省人力的自动售货机在未来将成为重要的购物设备。相较于传统售货机，运用 LabVIEW 进行虚拟售货机仿真设计能够节省更多的人力和资源，并且能对商品销售状况进行分析，生成合理的采购策略，从而获得更多的利润，在近几年的研究热度越来越高。

　　本节以某一优秀学生虚拟售货机仿真设计为例进行介绍。

一、功能要求

（1）模拟实体自动售货机，实现基础功能，如投币、购买商品和找零等。
（2）拓展功能：开机、一键补货、实时购物信息显示、实时显示当前时间等功能。
（3）良好界面：可插入一些图片、修饰框等对仿真界面进行美化；布局合理，字体颜色、大小合适，整洁、大方、美观。

（4）自由发挥，拓展其他功能。

二、总体设计方案

虚拟售货机仿真设计框架如图 4-42 所示。先设置一个开机模块。开机成功之后进行售货机的使用。虚拟售货机分为两个功能模块：用户操作模块和管理服务模块。用户操作模块是面向用户的，用户可浏览商品后根据需要先投币，然后选择商品，随后进行购买。如果投币或余货不足，用户就不会购买成功，系统会自动提示，这时候需要继续投币或者重新选择商品，提示购买成功、出货之后，点击"找零"按键，实现找零并将余额清零，最后点击"停止"按钮，结束购买，同时所有数据清零。

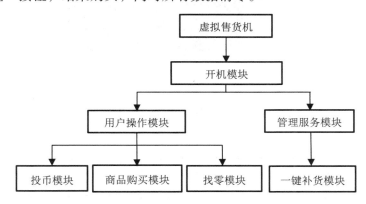

图 4-42　虚拟售货机仿真设计框架图

三、开机模块设计

在虚拟售货机正常使用前，管理服务人员将其开机。在开机界面，管理服务人员需要输入正确的账号和密码，才能开机成功，开机界面如图 4-43 所示。图 4-44 所示是开机模块设计程序，用两个字符串输入控件作为账号和密码的输入控件，用"提示用户输入"控件实现设置：当输入的账号和密码正确时，管理服务人员点击"开机"按钮，系统会提示"开机成功，进入购物页面！"，然后会自动跳转到购物页面；当管理服务人员输入的账号或密码错误时，系统会提示"输入错误，请重新输入"，不会跳转到购物页面，会重新返回开机页面，直到输入正确的账号和密码。开机成功后，管理服务人员可以对售货机的各种功能进行测试，检查是否存在异常，并检查自动售货机所售商品的余量是否充足，如果商品余量不足，可以点击"补货"按键对商品进行一键补充。

图 4-43　虚拟售货机开机界面

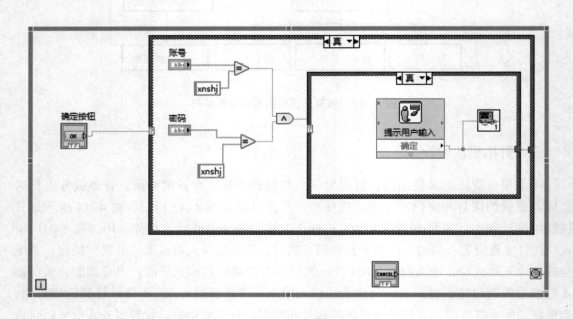

图 4-44　虚拟售货机开机模块设计程序

开机模块的前面板界面借助了插图功能，也就是常用的复制粘贴即可实现图片的插入；再利用控件中的修饰控件等对图片进行加工、美化，使面对用户的界面形象逼真，使用户具有真实体验感。

四、用户操作模块设计

虚拟售货机的用户操作模块包括投币模块、商品选择与购买模块和找零模块。下面分别对这三个子模块设计进行介绍。

（一）投币模块

投币模块设计用到了一个比较重要的函数：事件结构。事件结构的路径为函数选板→结构→事件结构，主要作用是等待事件发生，并执行相应条件分支，处理该事件。事件结构包括一个或多个子程序框图或事件分支，结构处理时间时，仅有一个子程序框图或分支在执行。等待事件通知时，该结构可超时。连线事件结构边框左上角的"超时"接线端，指定事件结构等待事件发生的时间，以毫秒为单位。默认值为 –1，表示永不超时。

图 4-45 显示了带"键按下？"事件分支的事件结构。事件结构共有 6 个组成部分，其中①是事件选择器标签，指定了促使当前显示的分支执行的事件。如需查看其他事件分支，可单击分支名称后的向下箭头。②是"超时"接线端，指定了超时前等待事件的时间，以毫秒为单位。如为"超时"接线端连接了一个值，则必须有一个相应的超时分支，以避免发生错误。③为动态事件接线端，主要用来接受用于动态事件注册的事件注册引用句柄或事件注册引用句柄的簇。如连线内部的右接线端，右接线端的数据将不同于左接线端。可通过注册事件函数将事件注册引用句柄或事件注册引用句柄的簇连接至内部的右接线端并动态地修改事件注册。某些选板中的事件结构可能不会默认显示动态事件接线端。如需显示，可右键单击事件结构的边框，在快捷菜单中选择显示动态事件接线端。④是事件数据节点，用于识别事件发生时 LabVIEW 返回的数据。与按名称接触捆绑函数相似，可纵向调整节点大小，选择所需的项。通过事件数据节点可访问事件数据元素。例如，事件中常见的类型和时间，其他事件数据元素（如字符和 V 键）根据配置的事件不同而有所不同。⑤是事件过滤节点，用于识别可修改的事件数据，以便用户界面可处理该数据。该节点出现在处理过滤事件的事件结构分支中。如需修改事件数据，可将事件数据节点中的数据项连线至事件过滤节点并进行修改，可将新的数据值连接至节点接线端以改变事件数据。可将 TRUE 值连接至"放弃？"接线端以完全放弃某个事件。如果没有为事件过滤节点的某一数据项连接一个值，则该数据项保持不变。⑥指事件结构与条件结构一样，事件结构也支持隧道。但在默认状态下，不必连接事件结构每个分支的输出隧道。所有未连线的隧道的数据类型将使用默认值。右键单击隧道，从快捷菜单中取消选择未连线时使用默认可恢复至默认的条件结构，即所有条件结构的隧道必须连线。也可配置隧道，在未连线的情况下自动连接输入和输出隧道。

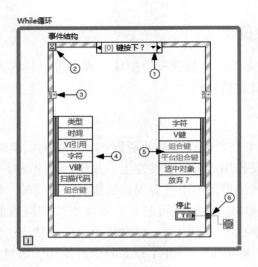

图 4-45　事件结构的组成

本设计在前面板中设置 3 个"确认"按钮，表示投入货币的多少，分别为"1 元""5 元"和"10 元"，如图 4-46 用户操作界面所示。

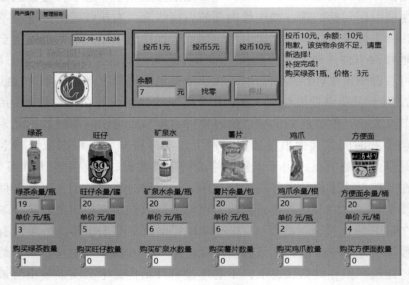

图 4-46　虚拟售货机用户操作界面

以 10 元投币模块的程序设计为例说明该投币模块设计过程，如图 4-47 所示。创建事件结构并添加事件分支，设置事件源为"投币 10 元"，按下"投币 10 元"控件即触发事件。首先在前面板设置一个数值显示控件，将其命名为"余额"，在后面板显示，再创建其与购物信息的局部变量，将投币后要显示在购物信息里的内容通过字符串放置在后面板上，然后用"连接字符串"函数将几个字符串连接起来，最后将其送入购物信息。每点击一次"投币 10 元"按钮就代表一次 10 元钱币的投入，多次点击，多次增加投入的货币数并将其显示在余额中。"投币 1 元"和"投币 5 元"的功能设置和程序设计与"投币 10 元"相似。

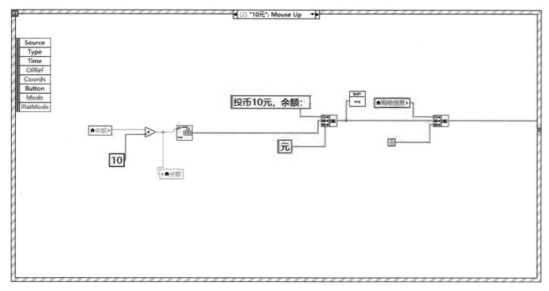

图 4-47　10 元投币模块的程序设计

（二）商品选择与购买模块

商品选择与购买模块为用户提供方便、直观的商品选择和购买功能。在用户前面板界面设置"确定"按钮，有"绿茶""旺仔""矿泉水""薯片""鸡爪"和"方便面"的控件作为实物展示和选择购买货物的按钮，当然你可在这里设置任何你想售卖的商品。设置了 6 个数值输入控件作为商品数量的选择输入控件。用户需要购买商品时，在想要购买的商品下面的数值输入控件输入需要购买的数量，然后点击该"物品图片"即完成商品的购买。

以购买绿茶为例，程序设计如图 4-48 所示，在事件结构中套入一个嵌套的条件结构，当"余额"小于所要购买商品的价格时为"假"，提示"余额不足，请投币！"，否则为"真"，进入下一个条件结构，判断绿茶余量是否大于所要购买的数量，若大于，则进行购买操作，同时购买情况会显示在购买信息里。用绿茶余量减去购买的数量并重新计算余额；若货物余量小于所要购买的数量，则提示"抱歉，货物余量不足，请重新购买！"。

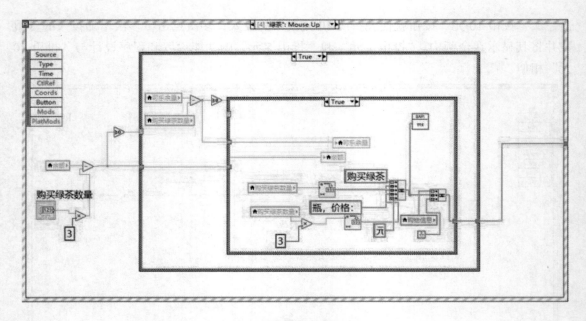

图 4-48　购买绿茶程序设计

　　需要注意的是，这里的"物品图片"是一个自定义控件设计成的按钮，是一个布尔按键，用户点击某个"物品图片"即完成该商品的购买。LabVIEW 中提供了很多内置的指示灯和按钮控件，可以实现状态的切换和控制，但是内置的指示灯和按钮控件样式单一，不够美观，且可能和程序的风格不搭配，比如，本设计是虚拟售货机设计，若直接利用自带的按钮就不够直观、美观。

　　下面详细介绍如何自定义控件按钮。LabVIEW 中提供了两种自定义控件方法，对应如下两种自定义控件类型。普通方式自定义控件：在 LabVIEW 开发环境中已有控件的基础上，基于控件原有的属性，仅通过改变控件的外观使其成为个性化的控件，但是控件功能是改变不了的，即使外观看上去不是按钮，它也是布尔控件，该类型的自定义控件保存的文件名后缀为".ctl"。高级方式自定义控件：使自定义的控件具有个性化的复杂外观，也提供了特殊的属性和方法来控制控件的行为，即 XControl 控件。本设计选用普通方式自定义控件。

　　（1）在 LabVIEW 开发环境中依次选择菜单"文件"→"新建 ..."，在打开的新建对话框中选择"自定义控件"项，即可新建一个空白的 .ctl 文件并打开控件编辑器。

　　（2）在控件编辑器中点击右键，弹出控件选板，选择经典→布尔→方形按钮，将方形按钮控件放置到自定义控件的编辑界面上，该控件只有两个部件，分别为"名称标签"和"布尔按钮"。可通过菜单中"窗口"→"部件窗口"查看当前控件的所有部件。

　　（3）点击控件编辑器工具栏上的工作模式按钮，切换当前工作模式为"自定义模式"，在控件类型的下拉列表框中选择控件类型为"严格自定义类型"。

　　（4）选中"布尔按钮"部件，右键单击，弹出图 4-49 所示的菜单，在"图片项"中存在着 4 幅图片，分别对应控件的 4 种状态，从左到右依次为假、真、真到假和假到真的状态。我们只要替换这 4 幅图片，就可以改变控件在不同状态下的外观。替换的图片格式通常选择为 ".png" 格式，在不同的图片类型中，它对背景透明特性有较好的支持性。在右键菜单中依次选择 4 幅图片，通过右键菜单的"从文件导入 ..."选项，用准备好的素材替换掉每幅图片，就可完成自定义控件的外观编辑，然后保存为 ".ctl" 格式的文件即可。图 4-50 为"绿茶"自定义控件导入自定义图片。

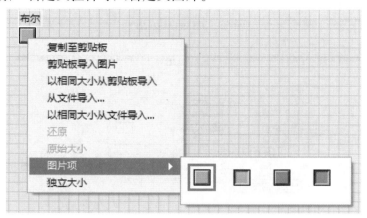

图 4-49　自定义控件图片编辑的四种图片项

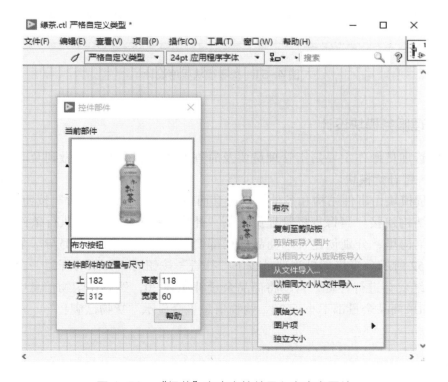

图 4-50　"绿茶"自定义控件导入自定义图片

（三）找零模块

和前几个模块类似，同样是在事件结构中编写找零模块（见图 4-51）。在事件结构中添加以"找零"为事件源的事件。在事件结构中套入一个层叠式顺序结构，一共用到两帧，在第一帧放入一个"创建文本 VI"，将找零显示的信息用字符串显示并连接到"创建文本 VI"，在第二帧放入余额的局部变量并与常量"0"连接，当按下清零按钮后，先在显示框中显示找零多少，后将余额清零。

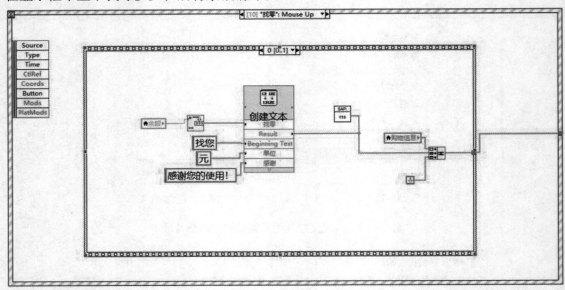

图 4-51　找零模块程序设计

五、管理服务模块设计

售货机管理员操作主要是指管理员要及时查看商品剩余多少，做到及时补货，因此我们设计了一键补货模块。

一键补货模块由事件结构和条件结构嵌套而成。建立一个"补货"按钮，将"补货"按钮与条件结构连接。当售货机管理员按下"补货"按钮时，系统执行条件结构里的程序。在条件结构里，分别创建各个商品的局部变量，每个局部变量都与一个条件结构相连，如图 4-52 所示。当售货机管理员按下"补货"按钮时，如果有任意一个商品的余量小于 20，系统就会进行补货，自动将商品余量补充到 20，然后在购物信息中显示"补货完成！"；如果商品余量都不小于 20，购物信息里会显示"货物已满！"。

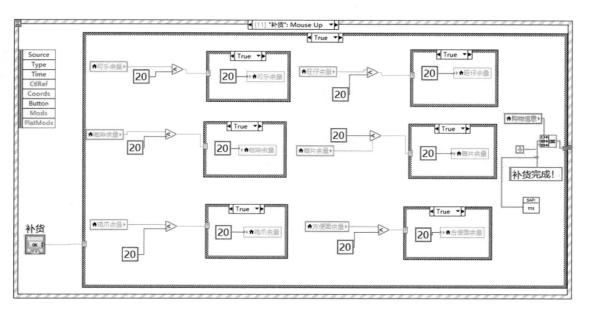

图 4-52　补货模块程序设计

本节介绍了虚拟售货机的仿真程序设计，主要分析了虚拟售货机功能，根据功能进行方案设计，并详细介绍了各模块设计，包括各个模块的前面板布置和程序框图的设计，确保该虚拟售货机能够实现实际售货机的基本功能。

六、问题与讨论

（1）LabVIEW 中自定义控件的优点和用途有哪些？

（2）思考：事件结构编程的关键是什么？

（3）请思考并和同伴讨论：你所设计的虚拟售货机拓展了哪些新功能？能否设计语音播报功能？

（4）对于以上几个虚拟化仿真实验与设计项目，你有什么体会与感想，请总结并与同伴分享吧！

参考文献

[1] 梁森，黄杭美，王明霄，等．传感器与检测技术项目教程 [M]．北京：机械工业出版社，2015．

[2] 胡向东．传感器与检测技术 [M]．3 版．北京：机械工业出版社，2018．

[3] 单成祥，牛彦文，张春．传感器设计基础：课程设计与毕业设计指南 [M]．北京：国防工业出版社，2007．

[4] 李常峰，刘成刚．传感器技术应用 [M]．北京：电子工业出版社，2019．

[5] 刘迎春，叶湘滨．传感器原理、设计与应用 [M]．5 版．北京：国防工业出版社，2015．

[6] 张重雄．虚拟仪器技术分析与设计 [M]．4 版．北京：电子工业出版社，2020．

[7] 李江全．LabVIEW 虚拟仪器入门与测控应用 100 例 [M]．北京：电子工业出版社，2022．

附录

附录1 应变式压力传感器电子秤程序

HX711.h 文件的内容如下。

```
#ifndef __HX711_H__
#define __HX711_H__
#include <reg52.h>
#include <intrins.h>
//IO 设置
sbit HX711_DOUT=P2^1;
sbit HX711_SCK=P2^0;
// 函数或者变量声明
extern void Delay__hx711_us(void);
extern unsigned long HX711_Read(void);
#endif
```

在头文件中定义与 HX711 通信的引脚和外部函数的声明,同时包含需要的头文件。有了头文件,HX711.c 文件中就可以包含这个头文件,具体内容如下。

```
#include "HX711.h"
//**************************************************
// 延时函数
//**************************************************
void Delay__hx711_us(void)
{
    _nop_();
    _nop_();
```

```
}
//**************************************************
// 读取 HX711
//**************************************************
unsigned long HX711_Read(void)  // 增益 128
{
    unsigned long count;
    unsigned char i;
    HX711_DOUT=1; // 把数据引脚置位，如果对方在忙，这个引脚就一直为 1 下去
    // 如果 HX711 空闲，会把这个引脚拉低，为下一步检测这个引脚做准备
    Delay__hx711_us();
    HX711_SCK=0; // 为下一步上升沿做准备
    count=0;
    EA = 1;
    while(HX711_DOUT); // 判断这个引脚的电平，为 1 或者为 0
    EA = 0;// 接下来数据中断会干扰数据的存储
    for(i=0;i<24;i++)
    {
            HX711_SCK=1;
            count=count<<1;  //0000 0000 0000 0000 0000 0000
            HX711_SCK=0;
            if(HX711_DOUT)//if 语句后面的判断为真，执行内语句
                {
                count++;
                }
    }
    HX711_SCK=1;
    count=count^0x800000;// 第 25 个脉冲下降沿来时，转换数据
    Delay__hx711_us();
    HX711_SCK=0;
    return(count);
}
```

操作 HX711 的核心就是 HX711_Read 这个函数，这个函数是参考官方手册的操作时序来编写的。首先根据时序图把 HX711 的数据引脚置位。如果 HX711 在忙，这个引脚就会一直持续高电平；如果 HX711 处于空闲状态，就会把数据引脚拉低。接着把时钟信号

也拉低，为下一步上升沿的操作做准备。程序中采用了 while(HX711_DOUT)；来判断数据引脚是否为低电平，如果为高电平在这里一直执行这一条语句，直到数据引脚为低的时候才执行下一条语句。

接着就是拿取 HX711 内部的 24 位 AD 转换数字值，采用 for 循环来依次读取转换的结果，转换的结果存在变量 count 里面。在时序图中可以看出数据的输出顺序是 MSB 在前，LSB 在后，另外，在时钟信号的上升沿是数据变化的时候，在时钟信号的下降沿是采样数据的时候，我们应该在下降沿之后读取数据引脚的状态。在程序中有一个技巧，就是每次 count 变量左移一位空位进行补零操作，此时判断数据引脚的状态，如果为 1，就对移动后的 count 进行加 1 操作。正好空位变为 1，如果数据引脚值为 0 就不用去操作 count，保持空位为 0 即可。读取完 24 位数据之后，可以根据需要给 HX711 下达指令，确定接下来要操作的通道和增益的设置。下达指令非常简单，就是根据需要发送相应的脉冲数。我们根据需要发送了 25 个脉冲，即接下来要转换通道 A，同时设置通道 A 的增益为 128 倍。程序最后释放时钟引脚，并且返回转换的结果值。

LCD1602.h 文件内容如下。

```
#ifndef __LCD1602_H__
#define __LCD1602_H__
#include <reg52.h>
//LCD1602 IO 设置
#define LCD1602_PORT P0
sbit LCD1602_RS = P2^5;
sbit LCD1602_RW = P2^6;
sbit LCD1602_EN = P2^7;
// 函数或者变量声明
extern void LCD1602_delay_ms(unsigned int n);
extern void LCD1602_write_com(unsigned char com);
extern void LCD1602_write_data(unsigned char dat);
extern void LCD1602_write_word(unsigned char *s);
extern void Init_LCD1602();
#endif
```

LCD1602.c 文件内容如下：

```
#include "LCD1602.h"
#include <intrins.h>
//*****************************************************
//MS 延时函数 (12MHz 晶振下测试 )
//*****************************************************
```

```
void Delay1ms()                //@5.5296MHz
{
    unsigned char i, j;
    _nop_();
    _nop_();
    i = 8;
    j = 43;
    do
    {
            while (--j);
    } while (--i);
}
void LCD1602_delay_ms(unsigned int n)
{
    unsigned int  i;
    for(i=0;i<n;i++)
    {
            Delay1ms();
    }
}
```

//**

// 写指令

//**

```
void LCD1602_write_com(unsigned char com)
{
    LCD1602_RS = 0;
    LCD1602_delay_ms(1);
    LCD1602_EN = 1;
    LCD1602_PORT = com;
    LCD1602_delay_ms(1);
    LCD1602_EN = 0;
}
```

//**

// 写数据

//**

```
void LCD1602_write_data(unsigned char dat)
```

```
{
    LCD1602_RS = 1;
    LCD1602_delay_ms(1);
    LCD1602_PORT = dat;
    LCD1602_EN = 1;
    LCD1602_delay_ms(1);
    LCD1602_EN = 0;
}
//****************************************************
// 连续写字符
//****************************************************
void LCD1602_write_word(unsigned char *s)
{
    while(*s>0)
    {
            LCD1602_write_data(*s);
            s++;
    }
}
void delay(unsigned int a)
{
 while(a--);
}
void Init_LCD1602()
{
    LCD1602_EN = 0;
    LCD1602_RW = 0;                                  // 设置为写状态
    LCD1602_write_com(0x38);
delay(50); // 显示模式设定
    LCD1602_write_com(0x0c);
delay(50); // 开关显示、光标有无设置、光标闪烁设置
    LCD1602_write_com(0x06);
delay(50); // 写一个字符后指针加一
    LCD1602_write_com(0x01);
delay(50); // 清屏指令
}
```

主程序的实现：

主程序的头文件 main.h 的内容如下。

```
#ifndef __MAIN_H__
#define __MAIN_H__
#include <reg52.h>
//IO 设置
sbit KEY1 = P3^2;
sbit speak= P1^7;
// 函数或者变量声明
extern void Delay_ms(unsigned int n);
extern void Get_Maopi();
extern void Get_Weight();
extern void Scan_Key();
#endif
```

在主程序里对按键的引脚和蜂鸣器的引脚进行了声明，本项目采用的是有源蜂鸣器，驱动起来比较方便。另外，在头文件中还声明了一些外部函数。

主程序 main.c 的内容如下所示。

```
#include "main.h"
#include "HX711.h"
#include "LCD1602.h"
unsigned long HX711_Buffer = 0;
unsigned long Weight_Maopi = 0;
long Weight_Shiwu = 0;
unsigned char flag = 0;
bit Flag_ERROR = 0;
// 校准参数
// 因为不同的传感器特性曲线不是很一致，所以每一个传感器需要矫正这里这个参
数，才能使测量值很准确。
// 当发现测试出来的质量偏大时，增加该数值。
// 如果测试出来的质量偏小，就减小该数值。
// 该值可以为小数
#define GapValue 429
//**********************************************
// 主函数
//**********************************************
```

```
void main()
{
    Init_LCD1602();
    LCD1602_write_com(0x80);
    LCD1602_write_word("Welcome to use!");

    LCD1602_delay_ms(1000);               // 延时 , 等待传感器稳定
    Get_Maopi();                          // 称毛皮质量
    while(1)
    {
        EA = 0;
        Get_Weight();                     // 称重
        EA = 1;
        Scan_Key();
        // 显示当前质量
        if( Flag_ERROR == 1)
        {

                LCD1602_write_com(0x80+0x40);
                LCD1602_write_word("ERROR");
                speak=0;
        }
        else
        {
                speak=1;
          LCD1602_write_com(0x80+0x40);
          LCD1602_write_data(Weight_Shiwu/1000 + 0X30);
      LCD1602_write_data(Weight_Shiwu%1000/100 + 0X30);
      LCD1602_write_data(Weight_Shiwu%100/10 + 0X30);
      LCD1602_write_data(Weight_Shiwu%10 + 0X30);
                LCD1602_write_word("g");
        }
    }
}
// 扫描按键
void Scan_Key()
```

```
    {
        if(KEY1 == 0)
        {
                LCD1602_delay_ms(5);
                if(KEY1 == 0)
                {
                        while(KEY1 == 0);
                        Get_Maopi();                          // 去皮
                }
        }
    }
//***************************************************
// 称重
//***************************************************
void Get_Weight()
{
    Weight_Shiwu = HX711_Read();
    Weight_Shiwu = Weight_Shiwu – Weight_Maopi;              // 获取净重
    if(Weight_Shiwu > 0)
    {
            Weight_Shiwu = (unsigned int)((float)Weight_Shiwu/GapValue);       // 计
算实物的实际质量



            if(Weight_Shiwu > 5000)              // 超重报警
            {
                    Flag_ERROR = 1;
            }
            else
            {
                    Flag_ERROR = 0;
            }
    }
    else
```

```
        {
            Weight_Shiwu = 0;
        }

}
//***************************************************
// 获取毛皮质量
//***************************************************
void Get_Maopi()
{
    Weight_Maopi = HX711_Read();
}
```

可以看到，在主函数里首先初始化 LCD1602 液晶显示器，然后发送行显示指令，选定第一行显示，接着发送数据在第一行显示"Welcome to use！"字样。接着调用 Get_Maopi() 函数，得到此时此刻秤盘的质量。我们发现这个函数非常简单，仅仅是调用了 HX711 驱动函数进行一次 AD 转换，然后把转换的结果放在 Weight_Maopi 这个全局变量里面，方便后面的去皮操作，所以这里实现了上电就去皮的功能。主函数继续往下执行，进入 while 死循环，在循环中调用 Get_Weight() 函数和 Scan_Key() 函数。在称重函数中如果此时放有重物，Weight_Shiwu 变量里面放的就是毛皮的质量和实物的质量之和，接着减去之前获得的毛皮的质量，就会得到净质量。

以上程序仅仅实现了基本的称重功能和上电去皮、按键去皮功能。为了让电子秤功能更加完善，下面对程序进行一定的扩展，可以加上计价功能和显示功能。那就需要添加矩阵键盘扫描程序和单价显示程序等，以下为示例参考程序：

```
#ifndef __price_4x4__
#define __price_4x4__
#include <reg52.h>
#include <intrins.h>
sbit KEY_IN_1 = P2^4;
sbit KEY_IN_2 = P2^5;
sbit KEY_IN_3 = P2^6;
sbit KEY_IN_4 = P2^7;
sbit KEY_OUT_1 = P2^3;
sbit KEY_OUT_2 = P2^2;
sbit KEY_OUT_3 = P2^1;
sbit KEY_OUT_4 = P2^0;
```

```
#define uchar unsigned char  //无符号字符型宏定义        变量范围 0 ～ 255
#define uint  unsigned int   //无符号整型宏定义  变量范围 0 ～ 65535
#define ulong unsigned long
extern void  KeyDriver();
extern void KeyScan();
#endif
```

若矩阵键盘头文件里面添加一些矩阵键盘引脚的声明，根据具体需要自己修改即可。另外是一些宏定义，方便后续程序的书写和一些函数的声明。

矩阵键盘 c 文件的内容如下：

```
#include "price_4x4.h"
#include "HX711.h"
#include "LCD1602.h"
#include "main.h"
long weight;
uint temp,qi_weight;
ulong price;
uchar flag_p;
unsigned char KeySta[4][4] = {
    {1,1,1,1},{1,1,1,1},{1,1,1,1},{1,1,1,1}
    };
unsigned char code KeyCodeMap[4][4] = { //矩阵按键编号到标准键盘键码的映射表
    { 1, 2, 3, 12}, //数字键 1、数字键 2、数字键 3、A 键去皮
    { 4, 5, 6, 13}, //数字键 4、数字键 5、数字键 6、B 键清除单价
    { 7, 8, 9, 14}, //数字键 7、数字键 8、数字键 9、C 键校准按键
    { 10,0,11, 15} //* 键无定义、数字键 0、# 为小数点、D 键校准按键
    };
void KeyAction(unsigned char keycode)
{
    if(keycode <= 9)   //数字键
    {
            if(flag_p >= 4)
                    flag_p = 0;
            if(flag_p == 0)
                    price = keycode;
            else
                    price = price * 10 + keycode;
```

```
                write_sfm4_price(1,3,price);
                flag_p++;
        }
    if(keycode == 13)   // 删除键
    {
                if(price != 0)
                {
                        flag_p--;
                        price /= 10;
                        write_sfm4_price(1,3,price);
                }
        }
    if(keycode == 12)   // 去皮
    {
                 Get_Maopi();
        }
    if(keycode == 14)   // 价格清零
    {
                flag_p = 0;
                price = 0;
                write_sfm4_price(1,3,price);
        }
}
void  KeyDriver()
{
    unsigned char i, j;
    static   unsigned char backup [4][4] = {
    {1,1,1,1},{1,1,1,1},{1,1,1,1},{1,1,1,1}
    };
    for(i=0; i<4; i++)
            {
                    for(j=0; j<4; j++)
                    {
                            if(backup[i][j] != KeySta[i][j])
                            {
                                    if(backup[i][j] == 0)
```

```
                                        {
                                            KeyAction(KeyCodeMap[i][j]);
                                        }
                                        backup[i][j] = KeySta[i][j];
                                    }
                                }
                            }
}
/* 按键扫描函数，需在定时中断中调用，推荐调用间隔 1ms */
void KeyScan()
{
    unsigned char i;
    static unsigned char keyout = 0;   // 矩阵按键扫描输出索引
    static unsigned char keybuf[4][4] = {  // 矩阵按键扫描缓冲区
        {0xFF, 0xFF, 0xFF, 0xFF},  {0xFF, 0xFF, 0xFF, 0xFF},
        {0xFF, 0xFF, 0xFF, 0xFF},  {0xFF, 0xFF, 0xFF, 0xFF}
    };
    // 将一行的 4 个按键值移入缓冲区
    keybuf[keyout][0] = (keybuf[keyout][0] << 1) | KEY_IN_1;
    keybuf[keyout][1] = (keybuf[keyout][1] << 1) | KEY_IN_2;
    keybuf[keyout][2] = (keybuf[keyout][2] << 1) | KEY_IN_3;
    keybuf[keyout][3] = (keybuf[keyout][3] << 1) | KEY_IN_4;
    // 消抖后更新按键状态
    for (i=0; i<4; i++) // 每行 4 个按键，所以循环 4 次
    {
        if ((keybuf[keyout][i] & 0x0F) == 0x00)
        {  // 连续 4 次扫描值为 0，即 4×4ms 内都是按下状态时，可认为按键已稳定的按下

            KeySta[keyout][i] = 0;
        }
        else if ((keybuf[keyout][i] & 0x0F) == 0x0F)
        {  // 连续 4 次扫描值为 1，即 4×4ms 内都是弹起状态时，可认为按键已稳定的弹起

            KeySta[keyout][i] = 1;
        }
    }
```

```
// 执行下一次的扫描输出
keyout++;              // 输出索引递增
keyout = keyout & 0x03; // 索引值加到 4 即归零
switch (keyout)        // 根据索引，释放当前输出引脚，拉低下次的输出引脚
{
    case 0: KEY_OUT_4 = 1; KEY_OUT_1 = 0; break;
    case 1: KEY_OUT_1 = 1; KEY_OUT_2 = 0; break;
    case 2: KEY_OUT_2 = 1; KEY_OUT_3 = 0; break;
    case 3: KEY_OUT_3 = 1; KEY_OUT_4 = 0; break;
    default: break;
}
}
```

另外，在主函数里要添加定时器 T0 的设置程序和中断函数，在中断函数里循环执行 KeyScan() 函数动态扫描矩阵键盘的状态，然后在主函数 while 循环里执行 KeyDriver() 函数，这个函数会根据按下的按键值来确定是按下的数字键 1~9 设置单价还是删除键删除单价的功能。最终显示总价的函数非常简单。根据需要可以决定设置的单价是以市斤为单位还是以千克为单位。最终计算出的结果可以直接显示在 LCD1602 液晶屏的相应位置。

附录 2 蓝牙智能手环程序

软件程序：
```
#include "led.h"
#include "delay.h"
#include "sys.h"
#include "usart.h"
#include "timer.h"
#include "adc.h"
#include "adxl345.h"
#include "Pedometer.h"
#include "stmflash.h"
#include "OLED_I2C.h"
#include "ds18b20.h"
#include "rtc.h"
#include "key.h"
```

```c
#include "string.h"
/**********************************************

***********************************************/

extern _Bool Timer_Flag ;                   // 时间到标准位
extern _Bool update_flag;                   // 更新标志变量


// 要写入 STM32 FLASH 的字符串数组
u8 TEXT_Buffer[]={"0000000"};
#define SIZE sizeof(TEXT_Buffer)            // 数组长度
//#define FLASH_SAVE_ADDR  0X08020000       // 设置 FLASH 保存地址 ( 必须为偶
数，且其值要大于本代码所占用 FLASH 的大小 +0X08000000)
#define FLASH_SAVE_ADDR  0X0800f400         // 设置 FLASH 保存地址 ( 必须为偶
数，且其值要大于本代码所占用 FLASH 的大小 +0X08000000)


void Dis_Init(void)
{
    OLED_ShowCN(0,0,10);                    // 心率
    OLED_ShowCN(16,0,11);

    OLED_ShowStr(32,0,":---r/min",2);

    OLED_ShowCN(0,2,12);                    // 步数
    OLED_ShowCN(16,2,13);


    OLED_ShowCN(0,4,14);                    // 体温
    OLED_ShowCN(16,4,15);
}
unsigned char Dis_mode = 0;                 // 显示状态标志 0 ; 显示传感器数据 1 ; 显
示日期时间。
```

```
int main(void)
{
    char sendbuf[50];
    unsigned char p[16]= "";
    unsigned char H_Flag = 0;
    unsigned char t=0;
    u8 datatemp[SIZE];
    unsigned int  STEP=0;


    short temperature;
    delay_init();                              // 延时函数初始化
    NVIC_PriorityGroupConfig(NVIC_PriorityGroup_2);// 设置中断优先级分组为组 2，
2 位抢占优先级，2 为相应优先级


    LED_Init();                                          // 初始化与控制设备连接的
硬件接口
    OLED_Init();                                        //OLED 初始化

    OLED_CLS();                                         // 清屏
    OLED_ShowCN(32,2,0);                       // 欢迎使用
    OLED_ShowCN(32+16,2,1);
    OLED_ShowCN(32+32,2,2);
    OLED_ShowCN(32+32+16,2,3);

    OLED_ShowCN(16,4,4);                       // 蓝牙智能手环
    OLED_ShowCN(16+16,4,5);
    OLED_ShowCN(16+32,4,6);
    OLED_ShowCN(16+48,4,7);
    OLED_ShowCN(16+64,4,8);
    OLED_ShowCN(16+64+16,4,9);
    delay_ms(5000);
    OLED_CLS();                                         // 清屏
    while(ADXL345_Init())            //3D 加速度传感器初始化
    {
```

```
        OLED_ShowStr(0,0,"ADXL345 Error",2);
        delay_ms(200);
        OLED_ShowStr(0,0,"            ",2);
        delay_ms(200);
}
while(DS18B20_Init()) //DS18B20 初始化
{
        OLED_ShowStr(0,0,"DS18B20 Error",2);

        delay_ms(200);
        OLED_ShowStr(0,0,"            ",2);

        delay_ms(200);
}
Adc_Init();
TIM3_Int_Init(1999,71);                          // 定时 2 ms 中断


uart_init(9600);                                 // 串口一初始化为 9600
TIM2_Int_Init(499,7199);                         //10 kHz 的计数频率, 计数到 500 为 50 ms
KEY_Init();                                       //IO 初始化



OLED_CLS();                                       // 清屏
Dis_Init();

STMFLASH_Read(FLASH_SAVE_ADDR,(u16*)datatemp,SIZE); // 从 flash 存储器
中读取出存储的步数数据

STEPS = (datatemp[0]-0x30)*10000+(datatemp[1]-0x30)*1000+(datatemp[2]-
0x30)*100+(datatemp[3]-0x30)*10+(datatemp[4]-0x30);

RTC_Init();
RTC_Set(2019,8,5,20,43,55); // 设置时间
while(1)
```

```
        {
                if (QS == true)
                {
                        QS = false;                 // reset the Quantified Self flag for next
time
                        if(BPM>150)                         // 没有放上手指？
                        {
                                sprintf((char*)p,":---r/min");
                                BPM = 0;
                                if(Dis_mode==0)
                                        OLED_ShowStr(32,0,p,2);
                                H_Flag = 0;                                     // 心率异常

                        }
                        else
                        {
                                H_Flag = 1;
                                sprintf((char*)p,":%3dr/min",BPM);
                                if(Dis_mode==0)
                                        OLED_ShowStr(32,0,p,2);

                        }
                }
                if(t%10==0)                 // 每 100 ms 读取一次
                {
                        t = 0;
                        temperature=DS18B20_Get_Temp();

                }
                t ++ ;

                if(ADXL345_FLAG==1)
//200 ms 到？
                {
                        ADXL345_FLAG = 0;                                     // 清除标志位
                        step_counter();                                       // 计步算法实现计步
```

```
            }
            if(STEP!=STEPS)                                    // 步数发生
改变，存储一次
            {
                    STEP = STEPS;
                    TEXT_Buffer[0]=(u16)STEPS/10000+0x30;
                    TEXT_Buffer[1]=(u16)STEPS%10000/1000+0x30;
                    TEXT_Buffer[2]=(u16)STEPS%10000%1000/100+0x30;
                    TEXT_Buffer[3]=(u16)STEPS%10000%1000%100/10+0x30;
                    TEXT_Buffer[4]=(u16)STEPS%10000%1000%100%10+0x30;

                    STMFLASH_Write(FLASH_SAVE_ADDR,(u16*)TEXT_Buffer,SIZE);
            }
            if(calendar.hour==0&&calendar.min==0&&(calendar.sec==0||calendar.
sec==1||calendar.sec==2))               // 凌晨 00:00:00  清除步数
            {
                    STEPS = 0;
                    TEXT_Buffer[0]=(u16)STEPS/10000+0x30;
                    TEXT_Buffer[1]=(u16)STEPS%10000/1000+0x30;
                    TEXT_Buffer[2]=(u16)STEPS%10000%1000/100+0x30;
                    TEXT_Buffer[3]=(u16)STEPS%10000%1000%100/10+0x30;
                    TEXT_Buffer[4]=(u16)STEPS%10000%1000%100%10+0x30;

                    STMFLASH_Write(FLASH_SAVE_ADDR,(u16*)TEXT_
Buffer,SIZE);

                    delay_ms(500);

            }
            Key_set();                                          // 时间设置

            if(KEY0==0)
            {
                    while(KEY0==0);
                    OLED_CLS();                                 // 清屏
                    if(Dis_mode==0)
                            Dis_mode = 1;
```

```
        else
        {
                Dis_mode = 0;
                Dis_Init();
        }


    }
    if(KEY2==0)                                    // 清除步数
    {
        while(KEY2==0);
        STEPS = 0;
        TEXT_Buffer[0]=(u16)' 0 ';
        TEXT_Buffer[1]=(u16)' 0 ';
        TEXT_Buffer[2]=(u16)' 0 ';
        TEXT_Buffer[3]=(u16)' 0 ';
        TEXT_Buffer[4]=(u16)' 0 ';

        STMFLASH_Write(FLASH_SAVE_ADDR,(u16*)TEXT_
Buffer,SIZE);
    }
    if(update_flag==1)                            //2 s 标志到 发送一
次数据到手机 app
    {
        update_flag = 0;
        sprintf(sendbuf,"Step:%d H:%d T:%2.1f \r\n",STEPS,BPM,(float)
temperature/10);// 将数据格式化成字符串
        printf(sendbuf);              // 串口发送出去

    }
    switch(Dis_mode)
    {
        case 0:                                    // 显示传感器数据

                sprintf((char*)p,":%-5d ",STEPS);
                OLED_ShowStr(32,2,p,2);
```

```
                            sprintf((char*)p,":%-2.1f ",(float)temperature/10);
                            OLED_ShowStr(32,4,p,2);
                break;

                case 1:                                    // 显示时间点和日期等信息
                            RTC_Display();                              // 显示时钟
                break;
            }
        }
    }
```

附录 3   寻迹避障小车主要程序

```
#include "app.h"

uint8_t Car_WorkMode = CarWork_OFF;

/****************************
配置程序
****************************/

void ALLConfig_Fanction(void)
{
    NVIC_PriorityGroupConfig(NVIC_PriorityGroup_2);
    RCC_APB2PeriphClockCmd(RCC_APB2Periph_AFIO,ENABLE);
    GPIO_PinRemapConfig(GPIO_Remap_SWJ_JTAGDisable,ENABLE);
 Systick_Config(SYSTICK_MS);
    LED_Config();
    BEEP_Config();
    KEY_Config();
    USART_Config(9600);
    Tim2_Config(72,10000);
    LCD_Config();
```

```
    MOTOR_Config();
    HCSR04_Config();
    TCRT5000I_Config();
    printf("USART1 Config OK\r\n");
}


#include "car.h"
void System_OpenShow(void)
{
    CarSpeed_Mode = Car_STOP;
    Car_ModeCtrl();
    Gui_DrawFont_GBK16(24,0,BLUE,WHITE,"BIZHANGXIAOCHE");
    Gui_DrawFont_GBK16(16,16,BLUE,WHITE,"Welcome");
    Lcd_Show_Photo(4,64,120,40,gImage_car);
    Gui_DrawFont_GBK16(8,144,BLUE,WHITE,"PDSU");
    Delay_nop_nms(2000);
    Lcd_Clear(WHITE);
    Gui_DrawFont_GBK16(0,0,BLUE,WHITE,"Work Mode        :");
    Gui_DrawFont_GBK16(0,16,BLUE,WHITE,"Care Mode        :");
    Gui_DrawFont_GBK16(0,32,BLUE,WHITE,"Care Speed:");
    Lcd_Show_Photo(4,100,120,40,gImage_car);
}


/**************************
System_UIchange 程序
**************************/
char Speed_Displaybuf[8];
void System_UIchange(void)
{
    if(UI_Run[0] >= UI_Run[1])
    {
            switch(Car_WorkMode)
            {
                    case CarWork_OFF:Gui_DrawFont_GBK16(88,0,BLUE,WHITE,"OF
F");break;

                    case CarWork_Tracking:Gui_DrawFont_GBK16(88,0,BLUE,WHITE
```

```
,"Tracking");break;
                    case CarWork_Avoid:Gui_DrawFont_GBK16(88,0,BLUE,WHITE,"A
void");break;
                    case CarWork_Control:Gui_DrawFont_GBK16(88,0,BLUE,WHITE,"
Control");break;
            }
            //Car_STOP=1,Car_GO,Car_BACK,Car_GoLift,Car_Goright
            switch(CarSpeed_Mode)
            {
                    case Car_STOP:Gui_DrawFont_GBK16(88,16,BLUE,WHITE,"Stop
");break;
                    case Car_GO:Gui_DrawFont_GBK16(88,16,BLUE,WHITE," GO
");break;
                    case Car_BACK:Gui_DrawFont_GBK16(88,16,BLUE,WHITE,"Back
");break;
                    case Car_GoLift:Gui_DrawFont_GBK16(88,16,BLUE,WHITE,"Lift
");break;
                    case Car_Goright:Gui_DrawFont_GBK16(88,16,BLUE,WHITE,"Rig
ht");break;
            }
            sprintf(Speed_Displaybuf,"%3d",CarSpeed_Speed);
            Gui_DrawFont_GBK16(88,32,BLUE,WHITE,Speed_Displaybuf);
            UI_Run[0] = 0;
        }
    }


/**************************
遥控程序
**************************/
void Remote_Control(void)
{
    if(Car_WorkMode == CarWork_Control)
    {
            switch(IR_code)
            {
                    case '+':CarSpeed_Mode = Car_GO;Car_ModeCtrl();break;
```

```
                case 'L':CarSpeed_Mode = Car_GoLift;Car_ModeCtrl();break;
                case 'O':CarSpeed_Mode = Car_STOP;Car_ModeCtrl();break;
                case 'R':CarSpeed_Mode = Car_Goright;Car_ModeCtrl();break;
                case '-':CarSpeed_Mode = Car_BACK;Car_ModeCtrl();break;
            }

    }
}
/*************************
追踪程序
*************************/
uint8_t Car_OutStopFlag = 0;
void TCRT5000I_Ctrl(void)
{
    uint8_t Get_Black = 0;
    Get_Black = TCRT5000I_GetState();

    if(Get_Black == 0X1F)
    {
            if(Car_OutStopFlag == 0)
            {
                    Car_OutStopFlag = 1;
                    Error_TimerRun = 0;
            }
            else if(Car_OutStopFlag == 1)
            {
                    if(Error_TimerRun >= 800)
                    {
                            CarSpeed_Mode = Car_STOP;
                            Car_ModeCtrl();
                            Car_OutStopFlag = 0;
                    }
            }
    }
    else
    {
```

```
            Car_OutStopFlag = 0;
            //00111---01111---10111----10011
            if((Get_Black == 0X07)||(Get_Black == 0X0F)||(Get_Black == 0X17)||(Get_
Black == 0X13))
            {
                    CarSpeed_Mode = Car_GoLift;
                    Car_ModeCtrl();
            }
            //11100----11110-----11101------11001
            else if((Get_Black == 0X1C)||(Get_Black == 0X1E)||(Get_Black ==
0X1D)||(Get_Black == 0X19))
            {
                    CarSpeed_Mode = Car_Goright;
                    Car_ModeCtrl();
            }
            //11001
            else if(Get_Black == 0X1B)
            {
                    CarSpeed_Mode = Car_GO;
                    Car_ModeCtrl();
            }
            //00000
            else if(Get_Black == 0X00)
            {
                    Delay_nop_nms(100);
                    if(TCRT5000I_GetState() == 0X00)
                    {
                            CarSpeed_Mode = Car_STOP;
                            Car_ModeCtrl();
                    }
            }
        }
    }


/*************************
超声波传感器程序
```

```
**************************/
void HCSR04_Ctrl(void)
{
    float Length = 0.0;
    Length = Get_Length();

    if((Length <= 50.0)||(Length > 1000))
    {
            CarSpeed_Mode = Car_STOP;
            Car_ModeCtrl();
            Delay_nop_nms(300);
            CarSpeed_Mode = Car_BACK;
            Car_ModeCtrl();
            Delay_nop_nms(300);
            CarSpeed_Mode = Car_GoLift;
            Car_ModeCtrl();
            Delay_nop_nms(500);
            CarSpeed_Mode = Car_GO;
            Car_ModeCtrl();
    }
}


/**************************
IR_Ctrl 程序
**************************/
void IR_CtrlMode(void)
{
    if(IR_code != 0XFF)
    {
        switch(IR_code)
        {
                                    case '1':
                                            Car_WorkMode = CarWork_Tracking;
                                            CarSpeed_Mode = Car_STOP;
                                            Car_ModeCtrl();
                                            break;
```

```
                        case '2':
                                Car_WorkMode = CarWork_Avoid;
                                CarSpeed_Mode = Car_GO;
                                Car_ModeCtrl();
                                break;
                        case '3':
                                Car_WorkMode = CarWork_Control;
                                CarSpeed_Mode = Car_STOP;
                                Car_ModeCtrl();
                                break;
                        case '4':
                                if(CarSpeed_Speed < 900)
                                        CarSpeed_Speed += 100;
                                Delay_nop_nms(100);
                                Car_ModeCtrl();
                                IR_code = 0XFF;
                                break;
                        case '5':Car_WorkMode = CarWork_OFF;Car_
ModeCtrl();break;
                        case '6':
                                if(CarSpeed_Speed > 200)
                                        CarSpeed_Speed -= 100;
                                Delay_nop_nms(100);
                                Car_ModeCtrl();
                                IR_code = 0XFF;
                                break;
                        case '7':break;
                        case '8':break;
                        case '9':break;
                }

                if(Car_WorkMode != CarWork_Control)
                        IR_code = 0XFF;
        }
    }
```

```
/**************************
系统工作模式程序
**************************/
void System_WorkMode(void)
{
    switch(Car_WorkMode)
    {
            case CarWork_OFF:CarSpeed_Mode = Car_STOP;Car_ModeCtrl();break;
            case CarWork_Tracking:TCRT5000I_Ctrl();break;
            case CarWork_Avoid:HCSR04_Ctrl();break;
            case CarWork_Control:Remote_Control();break;
    }
}
```

附录 4　智能楼宇远程环境监控系统部分程序

节点板程序如下。

```
/********************main.c************/
#include "main.h"
#include "character.h"
#include "picture.h"

int main(void)
{
    // 设置优先级分组
    NVIC_SetPriorityGrouping(5);
    SysTick_Config(72000);
    led_Config();
    usart_Init();
    printf(" 串口初始化完成 !\r\n");
    adc_Init();
    //printf ("aaa");
    RS485_Init();
    Tim1_Init();
    SPI2_oledConfig();
    oled_Init();
```

```
    printf ("aaa");
    while(1)
    {
            //printf("asss\r\n");
            if(led_run[0]>led_run[1])
            {
                    led_run[0]=0;
                    GPIOB->ODR ^=(0X01<<1);
                    printf("led0\r\n");
            }
//          if(dht11_run[0]>dht11_run[1])
//          {
//                  Dht11_Measure();
//                  adc_dma_data();
//                  dht11_run[0]=0;
//          }
                    modbus_protocol();
            //printf(" 正在工作 \r\n");
    }
    return 0;
}
* * * * * * * * * * * * * * * * * * * * * * * * * * * * * * * * * * * * 1
ed.c****************************************
    #include "main.h"

    void beef_Config(void)
    {
    RCC->APB2ENR |=(0x01<<4);
    GPIOC->CRL &= ~ (0x0f<<12);
    GPIOC->CRL |=(0x01<<12);
    }

    void beef_Init(void)
    {
    GPIO_InitTypeDef GPIO_Initstructure;
    RCC_APB2PeriphClockCmd(RCC_APB2Periph_GPIOC,ENABLE);
```

```
    GPIO_Initstructure.GPIO_Pin=GPIO_Pin_3;
    GPIO_Initstructure.GPIO_Mode=GPIO_Mode_Out_PP;
    GPIO_Initstructure.GPIO_Speed=GPIO_Speed_10MHz;
    GPIO_Init(GPIOC,&GPIO_Initstructure);
    GPIO_SetBits(GPIOC,GPIO_Pin_3);
}

void beef_Bibi(void)
{
    GPIOC->ODR |=(0x01<<3);
    delay_ms(10);
    GPIOC->ODR &= ~ (0x01<<3);
    delay_ms(10);
}

//LED 灯配置函数
void led_Config(void)
{
    // 打开时钟
    RCC->APB2ENR |=(0x01<<3);
    // 配置 PB1 管脚 –– 通用推挽输出 10 MHz
    GPIOB->CRL &= ~ (0x0f<<4);// 清零
    GPIOB->CRL |=(0x01<<4);
}

// 库函数 led 灯
void led_Init(void)
{
    GPIO_InitTypeDef GPIO_Initstructure;
    RCC_APB2PeriphClockCmd(RCC_APB2Periph_GPIOB,ENABLE);
    GPIO_Initstructure.GPIO_Pin=GPIO_Pin_1;
    GPIO_Initstructure.GPIO_Mode=GPIO_Mode_Out_PP;
    GPIO_Initstructure.GPIO_Speed=GPIO_Speed_10MHz;
    GPIO_Init(GPIOB,&GPIO_Initstructure);
    //GPIO_SetBits(GPIOB,GPIO_Pin_1);
    GPIO_ResetBits(GPIOB,GPIO_Pin_1);
```

```
    }

// 呼吸灯
void led_Huxi(void)
{
    u8 flag=0;
    u32 i=0,t=1;
    while(1)
    {
            if(flag==0)// 变亮
            {
                    for(i=0;i<10;i++)
                    {
                            //PB1 拉低 -- 亮
                            GPIOB->ODR &= ~ (0x01<<1);
                            // 延时函数
                            delay_us(t);
                            //PB1 拉高 -- 灭
                            GPIOB->ODR |=(0x01<<1);
                            // 延时函数
                            delay_us(501-t);
                    }
                    t++;
                    if(t==500)
                            flag=1;
            }
            if(flag==1)// 变暗
            {
                    for(i=0;i<10;i++)
                    {
                            //PB1 拉低 -- 亮
                            GPIOB->ODR &= ~ (0x01<<1);
                            // 延时函数
                            delay_us(t);
                            //PB1 拉高 -- 灭
                            GPIOB->ODR |=(0x01<<1);
```

```
                    // 延时函数
                    delay_us(501-t);
                }
                t--;
                if(t==1)
                    flag=0;
        }
    }
}


// 闪烁灯实验
void led_Bling(void)
{
    //PB1 拉低 —— 亮
    GPIO_ResetBits(GPIOB,GPIO_Pin_1);
    //GPIOB->ODR &= ~ (0x01<<1);
    // 延时函数
    delay_ms(10);
    //PB1 拉高 —— 灭
    GPIO_SetBits(GPIOB,GPIO_Pin_1);
    //GPIOB->ODR |=(0x01<<1);
    // 延时函数
    delay_ms(10);
}
```

* U s a
rt.c******************************

```
    #include "main.h"


    void usart_Init(void)
    {
        GPIO_InitTypeDef GPIO_Initstruct;
        USART_InitTypeDef USART_Initstruct;
        // 打开时钟
        RCC_APB2PeriphClockCmd(RCC_APB2Periph_USART1,ENABLE);
        RCC_APB2PeriphClockCmd(RCC_APB2Periph_GPIOA,ENABLE);
```

```
//PA9 复用推挽输出
GPIO_Initstruct.GPIO_Pin=GPIO_Pin_9;
GPIO_Initstruct.GPIO_Mode=GPIO_Mode_AF_PP;
GPIO_Initstruct.GPIO_Speed=GPIO_Speed_50MHz;
GPIO_Init(GPIOA,&GPIO_Initstruct);
//PA10 浮空输入
GPIO_Initstruct.GPIO_Pin=GPIO_Pin_10;
GPIO_Initstruct.GPIO_Mode=GPIO_Mode_IN_FLOATING;
GPIO_Init(GPIOA,&GPIO_Initstruct);

USART_Initstruct.USART_BaudRate=115200;// 波特率
USART_Initstruct.USART_WordLength=USART_WordLength_8b;//8 位
USART_Initstruct.USART_StopBits=USART_StopBits_1;// 一个停止位
USART_Initstruct.USART_Parity=USART_Parity_No;// 无奇偶校验
USART_Initstruct.USART_Mode=USART_Mode_Rx | USART_Mode_Tx;// 接 收 和
发送使能
USART_Initstruct.USART_HardwareFlowControl = USART_HardwareFlowControl_
None;
USART_Init(USART1,&USART_Initstruct);

usart_ItInit();

// 串口 1 的 DMA 请求使能
// USART_DMACmd(USART1,USART_DMAReq_Rx,ENABLE);
// Dma_UsartInit();

USART_Cmd(USART1,ENABLE);
}

void usart_Ech(void)
{
u16 data;
// 接收
while(!(USART_GetFlagStatus(USART1,USART_FLAG_RXNE)));
data=USART_ReceiveData(USART1);
// 发送
```

```
    while(!(USART_GetFlagStatus(USART1,USART_FLAG_TXE)));
    USART_SendData(USART1,data);
}


void usart_Config(u32 brr)
{
    float usartdiv=0;
    u32 usart_m=0,usart_f=0;
    // 打开时钟 ––USART A 端口
     RCC->APB2ENR |=(0X01<<2)|(0X01<<14);
    // 初始化 PA9–– 复用推挽  PA10–– 浮空
    GPIOA->CRH &= ~ (0X0F<<4);
    GPIOA->CRH |=(0X09<<4);
    //PA10–– 浮空
    GPIOA->CRH &= ~ (0X0F<<8);
    GPIOA->CRH |=(0X04<<8);

    // 数据传输格式 –– 起始位 + 数据位（8）+ 奇偶校验 + 停止位
    USART1->CR1 &= ~ (0X01<<12);// 配置字长 + 起始位
    USART1->CR2 &= ~ (0X03<<12);// 停止位（1）
    USART1->CR1 &= ~ (0X01<<10);// 奇偶校验失能
    USART1->CR1 |=(0X03<<2);// 发送和接收使能
    // 波特率配置
    usartdiv=(float)(72000000.0/(16*brr));
    usart_m=(u32)usartdiv;// 整数部分
    usart_f=(u32)((usartdiv–usart_m)*16+0.5f);
    USART1->BRR =(usart_m<<4)|usart_f;
    // 串口 1 使能
    USART1->CR1 |=(0X01<<13);
    usart_ItConfig();
}


void usart_ItInit(void)
{
    //USART_ITConfig(USART1,USART_IT_IDLE,ENABLE);
    USART_ITConfig(USART1,USART_IT_RXNE,ENABLE);// 接收中断使能
```

```
        NVIC_SetPriority(USART1_IRQn,0x05);// 优先级 -- 占先优先级 1 次级优先级 3
01 11
        NVIC_EnableIRQ(USART1_IRQn);
    }

    void usart_ItConfig(void)
    {
        USART1->CR1 |=(0x01<<5);// 接收缓冲区非空中断使能
        NVIC_SetPriority(USART1_IRQn,0x04);// 优先级 -- 占先优先级 1 次级优先级 3
01 11
        NVIC_EnableIRQ(USART1_IRQn);
    }

    void usart_Echo(void)
    {
        u8 data=0;
        // 接收
        while((USART1->SR &(0X01<<5))==0)
                data=USART1->DR;
        // 发送数据
        while((USART1->SR &(0X01<<7))==0)
                USART1->DR=data;
    }

    void led_ctrl(void)
    {
        u8 data=0;
        if((USART_GetITStatus(USART1,USART_IT_RXNE))==1)
        {
                data=USART_ReceiveData(USART1);
        }
        switch(data)
        {
                case 0xaa:GPIOB->ODR &= ~ (0x01<<1);break;
                case 0xbb:GPIOB->ODR |=(0x01<<1);break;
                default:data=0;break;
```

```
    }
}

//printf--- 单片机中应用，将数据打印在串口助手上
int fputc(int ch, FILE *f)
{
    while((USART1->SR &(0X01<<7))==0);
    USART1->DR=ch;
    return ch;
}

void USART1_IRQHandler(void)
{
    /*u8 m=0,n=0;
    if(USART_GetITStatus(USART1,USART_IT_IDLE)!=0)
    {
            //USART_ClearITPending(USART1,USART_IT_IDLE);
            m=USART1->SR;
            n=USART1->DR;
            u8 buf_length=0;
            DMA_Cmd(DMA1_Channel5,DISABLE);
            buf_length=100-DMA_GetCurrDataCounter(DMA1_Channel5);
            printf("%d\r\n%s\r\n",buf_length,usart_data);
            memset((void*)usart_data,0,sizeof(usart_data));
            DMA1_Channel5->CNDTR=100;
            DMA_Cmd(DMA1_Channel5,ENABLE);
    }*/
    if(USART_GetITStatus(USART1,USART_IT_RXNE)==1)
    {
            USART_ClearITPendingBit(USART1,USART_IT_RXNE);
            zikuload.rev_buff[zikuload.rx_flag][zikuload.rx_count++]=USART_
ReceiveData(USART1);
            if(zikuload.rx_count>=4096)
            {
                    ziku_run[1]=0;
                    zikuload.rx_flag=!zikuload.rx_flag;// 切换缓存区
```

```
                    zikuload.rx_count=0;
                    TIM_SetCounter(TIM4,0);// 计数器清零
                    TIM_Cmd(TIM4,ENABLE);
                    GPIOB->ODR ^=(0X01<<1);
                }
            }
        }
```

**************************adc.c**

```c
#include "main.h"

void adc_Init(void)
{
    GPIO_InitTypeDef GPIOInitSources;
    ADC_InitTypeDef ADC_InitSources;
    // 时钟 A 端口 ADC1 时钟
    RCC_APB2PeriphClockCmd(RCC_APB2Periph_GPIOA|RCC_APB2Periph_ADC1,ENABLE);
    // 配置 PA1－－ 模拟输入
    // 设置引脚模式
    GPIOInitSources.GPIO_Pin=GPIO_Pin_1|GPIO_Pin_2|GPIO_Pin_3;
    GPIOInitSources.GPIO_Mode=GPIO_Mode_AIN;
    GPIO_Init(GPIOA,&GPIOInitSources);

    /*
3.ADC 配置 －－－ 转换模式（单次 连续 扫描）
        对齐方式
        采样时间
        规则序列配置 －－SQR
        使能
        校准
        配置中断 －－NVIC
    */
    ADC_InitSources.ADC_ContinuousConvMode=ENABLE;// 连续转换
    ADC_InitSources.ADC_DataAlign=ADC_DataAlign_Right;
    ADC_InitSources.ADC_ExternalTrigConv=ADC_ExternalTrigConv_None;// 不使用
```

外部出发方式

```
    ADC_InitSources.ADC_Mode=ADC_Mode_Independent;//ADC 独立模式
    ADC_InitSources.ADC_NbrOfChannel=3;// 使用 ADC1 通道 3
    ADC_InitSources.ADC_ScanConvMode=ENABLE;// 使用扫描模式
    ADC_Init(ADC1,&ADC_InitSources);
    RCC_ADCCLKConfig(RCC_PCLK2_Div6);// 时钟分频 --72M/6=12M
    // 规则组通道设置
    ADC_RegularChannelConfig(ADC1,ADC_Channel_3,1,ADC_
SampleTime_55Cycles5);
    ADC_RegularChannelConfig(ADC1,ADC_Channel_2,2,ADC_
SampleTime_55Cycles5);
    ADC_RegularChannelConfig(ADC1,ADC_Channel_1,3,ADC_
SampleTime_55Cycles5);

    ADC_DMACmd(ADC1,ENABLE);// 开启 ADC 的 DMA 功能
    // 使能
    ADC_Cmd(ADC1,ENABLE);
    // 校验
    ADC_ResetCalibration(ADC1);
    while(ADC_GetResetCalibrationStatus(ADC1));
    ADC_StartCalibration(ADC1);
    while(ADC_GetCalibrationStatus(ADC1));

    Dma_Adc_Init();
    // 软件开启 ADC
    ADC_SoftwareStartConvCmd(ADC1,ENABLE);
}
*  *  *  *  *  *  *  *  *  *  *  *  *  *  *  *  *  *  *  *  *  *  *  *  *  *  *  *  *  *  R S 4
85.c***********************************
#include "main.h"

void RS485_Init(void)
{
    //RS485_RX---PB10 复用推挽输出  RS485_TX---PB11 浮空输入  RS485_RE---
PA12 通用推挽输出
    RCC_APB1PeriphClockCmd(RCC_APB1Periph_USART3,ENABLE);// 串口 3 时钟
```

```
        RCC_APB2PeriphClockCmd(RCC_APB2Periph_GPIOA|RCC_APB2Periph_
GPIOB,ENABLE);
        GPIO_InitTypeDef GPIO_Initstruct;
        USART_InitTypeDef USART_Initstruct;
        GPIO_Initstruct.GPIO_Pin=GPIO_Pin_12;
        GPIO_Initstruct.GPIO_Mode=GPIO_Mode_Out_PP;
        GPIO_Initstruct.GPIO_Speed=GPIO_Speed_10MHz;
        GPIO_Init(GPIOA,&GPIO_Initstruct);
        GPIO_ResetBits(GPIOA,GPIO_Pin_12);// 起始状态设置

        GPIO_Initstruct.GPIO_Pin=GPIO_Pin_10;
        GPIO_Initstruct.GPIO_Mode=GPIO_Mode_AF_PP;
        GPIO_Initstruct.GPIO_Speed=GPIO_Speed_10MHz;
        GPIO_Init(GPIOB,&GPIO_Initstruct);
        GPIO_Initstruct.GPIO_Pin=GPIO_Pin_11;
        GPIO_Initstruct.GPIO_Mode=GPIO_Mode_IN_FLOATING;
        GPIO_Init(GPIOB,&GPIO_Initstruct);

        USART_Initstruct.USART_BaudRate=9600;// 波特率
        USART_Initstruct.USART_WordLength=USART_WordLength_8b;//8 位
        USART_Initstruct.USART_StopBits=USART_StopBits_1;// 一个停止位
        USART_Initstruct.USART_Parity=USART_Parity_No;// 无奇偶校验
        USART_Initstruct.USART_Mode=USART_Mode_Rx | USART_Mode_Tx;// 接收和
发送使能
        USART_Initstruct.USART_HardwareFlowControl = USART_HardwareFlowControl_
None;
        USART_Init(USART3,&USART_Initstruct);

        Usart3_It_Init();

        USART_Cmd(USART3,ENABLE);
    }

    void Usart3_It_Init(void)
    {
        USART_ITConfig(USART3,USART_IT_RXNE,ENABLE);// 接收中断使能
```

```
    NVIC_SetPriority(USART3_IRQn,0x05);
    NVIC_EnableIRQ(USART3_IRQn);
}
```

* m o d b us***********************************

```
    #include "main.h"


    /*
    1. 配置 -- 串口 3 中断
    2. 配置 MODBUS 协议解析函数
    3. 配置定时器 -- 判断超时时间
    4. 从机解析函数 --modbus_pollevent
       功能：判断 CRC 校验值 判断 ID 号 判断功能码
    5. 特定功能码函数（0X03 为例）-- 判断起始地址 判断数据数量 打包数据发送
    */
    _MODBUS modbus_pro ={.rx3_count=0,.rx3_overflag=0,.tx3_count=0};
    u16 reg_data[5]={0};
    void Tim1_Init(void)
    {
        TIM_TimeBaseInitTypeDef TIM_TimeBaseInitStruct;
        RCC_APB2PeriphClockCmd(RCC_APB2Periph_TIM1,ENABLE);// 打开时钟
        TIM_DeInit(TIM1);// 复位
        TIM_TimeBaseInitStruct.TIM_Period=5000-1;// 设置计数值
        TIM_TimeBaseInitStruct.TIM_Prescaler=72-1;// 设置预分频
        TIM_TimeBaseInitStruct.TIM_CounterMode=TIM_CounterMode_Up;// 向上计数溢
出模式
        TIM_TimeBaseInitStruct.TIM_ClockDivision=TIM_CKD_DIV1;// 设置时钟分频系
数：不分频
        TIM_TimeBaseInit(TIM1,&TIM_TimeBaseInitStruct);
        TIM_SetCounter(TIM1,0);// 计数器清零
        // 打开中断
        TIM_ClearITPendingBit(TIM1,TIM_IT_Update);
        TIM_ITConfig(TIM1,TIM_IT_Update, ENABLE);

        NVIC_SetPriority(TIM1_UP_IRQn,0x04);
        NVIC_EnableIRQ(TIM1_UP_IRQn);
```

```
        TIM_Cmd(TIM1,DISABLE);//TIM1 失能
    }


    void USART3_IRQHandler(void)
    {
        if(USART_GetITStatus(USART3,USART_IT_RXNE)==1)
        {
            USART_ClearITPendingBit(USART3,USART_IT_RXNE);
            modbus_pro.rx3_buff[modbus_pro.rx3_count++]=USART_
ReceiveData(USART3);

            TIM_SetCounter(TIM1,0);
            //printf(" 接受到数据 \r\n");
            TIM_Cmd(TIM1,ENABLE);
        }
    }
    void TIM1_UP_IRQHandler(void)
    {
        if(TIM_GetITStatus(TIM1,TIM_IT_Update))
        {
            //printf(" 通讯一次 \r\n");
            TIM_ClearITPendingBit(TIM1,TIM_IT_Update);
            modbus_pro.rx3_overflag=!modbus_pro.rx3_overflag;
            TIM_SetCounter(TIM1,0);
            TIM_Cmd(TIM1,DISABLE);
        }
    }
    // 解析协议
    void modbus_protocol(void)
    {
        u8 i=0;
        u16 rx3_crc=0,host_crc=0;
        if(modbus_pro.rx3_overflag==1)
        {

            modbus_pro.rx3_overflag=0;
```

```
                printf("modbus_pro.rx3_count%d\r\n",modbus_pro.rx3_count);
//              for(i=0;i<modbus_pro.rx3_count;i++)
//                      printf("modbus_pro.rx3_buff[i]%x\r\n",modbus_pro.rx3_buff[i]);
                host_crc=modbus_pro.rx3_buff[modbus_pro.rx3_count-2]<<8 | modbus_pro.
rx3_buff[modbus_pro.rx3_count-1];
                rx3_crc=CRC16(modbus_pro.rx3_buff,modbus_pro.rx3_count-2);
                printf("host_crc=%x\r\nrx3_crc=%x\r\n",host_crc,rx3_crc);
        }
        else
        {
                //printf("return\r\n");
                return;
        }
        if(rx3_crc!=host_crc)
        {printf(" 校验出错 \r\n");
                modbus_error(modbus_pro.rx3_buff[1],0x06);
                goto p1;
        }
        if(modbus_pro.rx3_buff[0]!=0x01)
        {printf(" 校验出错 \r\n");
                modbus_error(modbus_pro.rx3_buff[1],0x04);
                goto p1;
        }
        if(modbus_pro.rx3_buff[1]==0x03)
        {
                printf("modbus_pro.rx3_buff[1]==0x03\r\n");
                //Dht11_Measure();
                delay_ms(2500);

          adc_dma_data();
                printf("adc_dma_data();\r\n");
                modbus_pars();
        }
        p1:
        printf("p1:\r\n");
        GPIO_SetBits(GPIOA,GPIO_Pin_12);
```

```
        delay_us(10);
        for(i=0;i<modbus_pro.tx3_count;i++)
        {
                USART_SendData(USART3,modbus_pro.tx3_buff[i]);
                while(!USART_GetFlagStatus(USART3,USART_FLAG_TC));
        }
        GPIO_ResetBits(GPIOA,GPIO_Pin_12);
        delay_us(10);
        memset(&modbus_pro,0,sizeof(modbus_pro));
        modbus_pro.rx3_count=0;


}
// 打包数据
void modbus_pars(void)
{
    u8 i=0,j=0;
    u16 data_addr=0;
    u16 reg_count=0;
    u16 tx_crc=0;
    data_addr=modbus_pro.rx3_buff[2]<<8 | modbus_pro.rx3_buff[3];
    reg_count=modbus_pro.rx3_buff[4]<<8 | modbus_pro.rx3_buff[5];
    if((reg_count<0x01) || (reg_count>0x7d))
    {
            printf(" 返回异常码 --0x03\r\n");// 返回异常码 --0x03
            modbus_error(0x03,0x03);
            return;
    }
    if((data_addr+reg_count>0x7d) )
    {
            printf(" 返回异常码 --0x02\r\n");// 返回异常码 --0x02
            modbus_error(0x03,0x02);
            return;
    }
    modbus_pro.tx3_buff[i++]=0x01;
    modbus_pro.tx3_buff[i++]=0x03;
    modbus_pro.tx3_buff[i++]=reg_count*2;
```

```c
        for(j=0;j<reg_count;j++)
        {
                modbus_pro.tx3_buff[i++]=(reg_data[data_addr+j]>>8)&0xff;
                modbus_pro.tx3_buff[i++]=(reg_data[data_addr+j])&0xff;
        }
        //crc 校验
        tx_crc=CRC16(modbus_pro.tx3_buff,i);
        modbus_pro.tx3_buff[i++]=(tx_crc>>8)&0xff;
        modbus_pro.tx3_buff[i++]=tx_crc&0xff;
        modbus_pro.tx3_count=i;


}
// 错误码
void modbus_error(u8 code,u8 error)
{
    u8 i=0;
    u16 error_crc=0;
    modbus_pro.tx3_buff[i++]=0x01;
    modbus_pro.tx3_buff[i++]=0x80+code;
    modbus_pro.tx3_buff[i++]=error;
    error_crc=CRC16(modbus_pro.tx3_buff,i);
    modbus_pro.tx3_buff[i++]=(error_crc>>8)&0xff;
    modbus_pro.tx3_buff[i++]=error_crc&0xff;
   modbus_pro.tx3_count=i;
}
* * * * * * * * * * * * * * * * * * * * * * * * * * * * * * * * * * o l
ed.c************************************
    #include "main.h"


    void SPI2_oledConfig(void)
    {
    SPI_InitTypeDef SPI_Initstruct;
    GPIO_InitTypeDef GPIO_Initstruct;
    RCC_APB1PeriphClockCmd(RCC_APB1Periph_SPI2,ENABLE);
    RCC_APB2PeriphClockCmd(RCC_APB2Periph_GPIOA|RCC_APB2Periph_
GPIOB|RCC_APB2Periph_AFIO,ENABLE);// 打开时钟
```

```
    GPIO_PinRemapConfig(GPIO_Remap_SWJ_JTAGDisable,ENABLE);
    //PA4---OLED_RES  PA15---OLED_D/C  PB7---OLED_CS  PB13---OLED_
SCL  PB15---OLED_SI
    GPIO_Initstruct.GPIO_Pin=GPIO_Pin_4|GPIO_Pin_15;
    GPIO_Initstruct.GPIO_Mode=GPIO_Mode_Out_PP;
    GPIO_Initstruct.GPIO_Speed=GPIO_Speed_10MHz;
    GPIO_Init(GPIOA,&GPIO_Initstruct);

    GPIO_Initstruct.GPIO_Pin=GPIO_Pin_7;
    GPIO_Initstruct.GPIO_Mode=GPIO_Mode_Out_PP;
    GPIO_Initstruct.GPIO_Speed=GPIO_Speed_10MHz;
    GPIO_Init(GPIOB,&GPIO_Initstruct);

    GPIO_Initstruct.GPIO_Pin=GPIO_Pin_13|GPIO_Pin_15;
    GPIO_Initstruct.GPIO_Mode=GPIO_Mode_AF_PP;
    GPIO_Initstruct.GPIO_Speed=GPIO_Speed_10MHz;
    GPIO_Init(GPIOB,&GPIO_Initstruct);

    //SPI 配置为模式 0
    SPI_Initstruct.SPI_NSS=SPI_NSS_Soft;
    SPI_Initstruct.SPI_CPHA=SPI_CPHA_2Edge;
    SPI_Initstruct.SPI_CPOL=SPI_CPOL_High;
    SPI_Initstruct.SPI_FirstBit=SPI_FirstBit_MSB;
    SPI_Initstruct.SPI_Mode=SPI_Mode_Master;
    SPI_Initstruct.SPI_BaudRatePrescaler=SPI_BaudRatePrescaler_32;// 输出速率
    SPI_Initstruct.SPI_CRCPolynomial=0x07;
    SPI_Initstruct.SPI_DataSize=SPI_DataSize_8b;
    SPI_Initstruct.SPI_Direction=SPI_Direction_2Lines_FullDuplex;
    SPI_Init(SPI2,&SPI_Initstruct);

    SPI_Cmd(SPI2,ENABLE);
}

uint8_t spi2_WriteRead(uint8_t data)
{
    while(!SPI_I2S_GetFlagStatus(SPI2,SPI_I2S_FLAG_TXE));
```

```
// 发送数据
SPI_I2S_SendData(SPI2,data);
while(!SPI_I2S_GetFlagStatus(SPI2,SPI_I2S_FLAG_RXNE));
return SPI_I2S_ReceiveData(SPI2);
}


/**
 * 函数功能：向 oled 发送一个字节
 * 输入参数：data--- 发送的数据 / 命令  cmd--- 数据 / 命令标志 (1/0)
 * 返 回 值：无
 * 说    明：cmd---1 表示发送数据  0 表示发送指令
 * 作    者：zyb
 * 时    间：2020 年 11 月 5 日
 * 备    注：
 */
void oled_w_r_byte(u8 data,u8 cmd)
{
    if(cmd)
            OLED_DC_Set();
    else
            OLED_DC_Clr();
    OLED_CS_Clr();
    spi2_WriteRead(data);
    OLED_CS_Set();
}


void oled_Init(void)
{
    OLED_RST_Set();
    delay_ms(100);
    OLED_RST_Clr();
    delay_ms(100);
    OLED_RST_Set();

    oled_w_r_byte(0xAE,OLED_CMD);//--turn off oled panel  关闭 OLED 面板
    oled_w_r_byte(0x00,OLED_CMD);//---set low column address 设置低列地址
```

oled_w_r_byte(0x10,OLED_CMD);//---set high column address 设置高列地址

oled_w_r_byte(0x40,OLED_CMD);//--set start line address Set Mapping RAM Display Start Line (0x00 ～ 0x3F)

//-- 设置起始行地址 设置映射 RAM 显示起始行（0x00 ～ 0x3F）

oled_w_r_byte(0x81,OLED_CMD);//--set contrast control register 设置对比度控制寄存器

oled_w_r_byte(0xCF,OLED_CMD); // Set SEG Output Current Brightness 设置 SEG 输出电流亮度

oled_w_r_byte(0xA1,OLED_CMD);//--Set SEG/Column Mapping 设置 SEG / 列映射 0xa0 左右反置 0xa1 正常

oled_w_r_byte(0xC8,OLED_CMD);//--Set COM/Row Scan Direction 设置 COM / 行扫描方向 0xc0 上下反置 0xc8 正常

oled_w_r_byte(0xA6,OLED_CMD);//--set normal display 设置正常显示

oled_w_r_byte(0xA8,OLED_CMD);//--set multiplex ratio(1 to 64) 设置复用率（1 到 64）

oled_w_r_byte(0x3f,OLED_CMD);//--1/64 duty 1/64 税

oled_w_r_byte(0xD3,OLED_CMD);//--set display offset   Shift Mapping RAM Counter (0x00 ～ 0x3F) 设置显示偏移量移位映射 RAM 计数器（0x00 ～ 0x3F）

oled_w_r_byte(0x00,OLED_CMD);//--not offset 不抵消

oled_w_r_byte(0xd5,OLED_CMD);//--set display clock divide ratio/oscillator frequency 设置显示时钟分频比 / 振荡器频率

oled_w_r_byte(0x80,OLED_CMD);//--set divide ratio, Set Clock as 100 Frames/Sec 设置分频比，将时钟设置为 100 帧 / 秒

oled_w_r_byte(0xD9,OLED_CMD);//--set pre-charge period 设定预充电时间

oled_w_r_byte(0xF1,OLED_CMD);//--Set Pre-Charge as 15 Clocks & Discharge as 1 Clock 将预充电设置为 15 个时钟并将放电设置为 1 个时钟

oled_w_r_byte(0xDA,OLED_CMD);//--set com pins hardware configuration 设置 com 引脚的硬件配置

oled_w_r_byte(0x12,OLED_CMD);//--set high column address 设置高列地址

oled_w_r_byte(0xDB,OLED_CMD);//--set Vcomh 设置 Vcom 高位

oled_w_r_byte(0x40,OLED_CMD);//--Set VCOM Deselect Level 设置 VCOM 取消选择级别

oled_w_r_byte(0x20,OLED_CMD);//-Set Page Addressing Mode (0x00/0x01/0x02) 设置页面寻址模式（0x00 / 0x01 / 0x02）

oled_w_r_byte(0x02,OLED_CMD);//--set low column address 设置低列地址

oled_w_r_byte(0x8D,OLED_CMD);//--set Charge Pump enable/disable 设置电荷泵

启用 / 禁用

```
    oled_w_r_byte(0x14,OLED_CMD);//--set(0x10) disable 设置（0x10）禁用
    oled_w_r_byte(0xA4,OLED_CMD);// Disable Entire Display On (0xa4/0xa5) 禁用
整个显示开启（0xa4 / 0xa5）
    oled_w_r_byte(0xA6,OLED_CMD);// Disable Inverse Display On (0xa6/0xa7) 禁用
反向显示打开（0xa6 / a7）
    oled_w_r_byte(0xAF,OLED_CMD);//--turn on oled panel 打开 OLED 面板
    oled_w_r_byte(0xAF,OLED_CMD); /*display ON*/
    OLED_Clear(0xff);
}

void OLED_Clear(u8 color)
{
    u8 page,col;
    for(page=0;page<8;page++)
    {
            oled_w_r_byte (0xb0+page,OLED_CMD);   // 设置页地址（0 ～ 7）
            oled_w_r_byte (0x00,OLED_CMD);     // 设置显示位置—列低地址
            oled_w_r_byte (0x10,OLED_CMD);      // 设置显示位置—列高地址
            for(col=0;col<128;col++)
                    oled_w_r_byte(color,OLED_DATA);
    }
}

void set_pos(uint8_t page,uint8_t col)// 画点
{
    // 设置页地址
    oled_w_r_byte(0xB0+page,OLED_CMD);
    // 设置列地址 低位
    oled_w_r_byte(col & (0x0f),OLED_CMD);
    // 高位
    oled_w_r_byte(((col>>4)&0x0f)|(0x10),OLED_CMD);
}

void OLED_Display(uint8_t page,uint8_t col,uint8_t wide,uint8_t high,u8 *str)// 显 示
字符
```

```
{
    /*uint8_t i = 0;
    uint8_t j = 0;
    for(i=0;i<high/8;i++)
    {
        set_pos(page+i,col);           // 页寻址
        for(j=0;j<wide;j++)
        {
            oled_w_r_byte(*p,OLED_DATA);
            p++;
        }
    }*/
    // 水平寻址
    u8 i=0;
    oled_w_r_byte(0x20,OLED_CMD);
    oled_w_r_byte(0x00,OLED_CMD);

    oled_w_r_byte(0x21,OLED_CMD);// 设置列地址
    oled_w_r_byte(col,OLED_CMD);
    oled_w_r_byte(col+wide-1,OLED_CMD);

    oled_w_r_byte(0x22,OLED_CMD);// 设置页地址
    oled_w_r_byte(page,OLED_CMD);
    oled_w_r_byte(page+high/8-1,OLED_CMD);
    for(i=0;i<wide*high/8;i++)
    {
        oled_w_r_byte(str[i],OLED_DATA);
    }
}


void oled_display_hanzi(uint8_t page,uint8_t col,uint8_t wide,uint8_t high,uint8_t
*buf,uint8_t lenth)
{
    while(lenth--)
    {
        if(col>(128-wide))
```

```
            {
                    col=0;
                    page+=high/8;
            }
            OLED_Display(page,col,wide,high,buf);
            col+=wide;
            buf+=wide*high/8;
    }
}
```

```
/**
 * 函数功能：单个字符显示
 * 输入参数：无
 * 返 回 值：无
 * 说    明：
   * 作    者：WZZ
   * 时    间：2020 年 11 月 5 日
   * 备    注：
 */
void oled_char(u8 x,u8 y,u8 width,u8 hight,u8 str)// !
{
    u8 i=0;
    u8 j=0;
    u8 count=0;
    for(i=0;i<hight/8;i++)
    {
            set_pos(x+i,y);
            for(j=0;j<width;j++)
            {
                    oled_w_r_byte(ascii_8_16[str−32][count],OLED_DATA);
                    count++;
            }
    }
}
/**
 * 函数功能：显示多个字符
```

```
    * 输入参数 : 无
    * 返 回 值 : 无
    * 说    明 :
     * 作   者 : WZZ
     * 时   间 : 2020 年 11 月 5 日
     * 备   注 :
    */
void oled_strs(u8 x,u8 y,u8 width,u8 hight,u8 *str)
{
  while(str !=' \0' )
   {
            if(y>128-8)
            {
                    x+=2;
                    y=0;
            }
            oled_char(x,y,width,hight,*str);
            y+=8;
            str++;
   }
}


void oled_hz_zf(u8 page,u8 col,u8 *font)
{
    u32 offset;
    u8 rec_hanzi[64];
    u8 new_page=page,new_col=col;
    while(*font!=0)
    {
            if(*font>0xa0)// 判断为汉字
            {
                    offset=((*font-0xa1)*94+*(font+1)-0xa1)*16*16/8;
                    sFLASH_ReadBuffer(rec_hanzi,offset+0x000000,32);
                    font+=2;
                    OLED_Display(new_page,new_col,16,16,rec_hanzi);
                    new_col+=16;
```

```
                    if(new_col>128-16)
                    {
                            new_col=0;
                            new_page+=2;
                    }
                }
                else
                {
                        offset=(*font-32);// 字母
                        OLED_Display(new_page,new_col,8,16,ascii_8_16[offset]);
                        font+=1;
                        new_col+=8;
                        if(new_col>128-8)
                        {
                                new_col=0;
                                new_page+=2;
                        }
                }
            }
        }
```

* d h t
11.h*************************************

```
    #include "main.h"


    /*
     * 函数功能 : DHT11 输出管脚配置
     * 输入参数 : 无
     * 返 回 值 : 无
     * 说    明 : 无
      * 作    者 : zyb
      * 时    间 : 2022 年 3 月 28 日
      * 备    注 :
    */


    void Dht11_IO_OUT(void)
    {
```

```
    GPIO_InitTypeDef GPIO_Initstruct;
    RCC_APB2PeriphClockCmd(RCC_APB2Periph_GPIOB,ENABLE);
    GPIO_Initstruct.GPIO_Mode=GPIO_Mode_Out_PP;
    GPIO_Initstruct.GPIO_Pin=GPIO_Pin_6;
    GPIO_Initstruct.GPIO_Speed=GPIO_Speed_50MHz;
    GPIO_Init(GPIOB,&GPIO_Initstruct);
}

/*
 * 函数功能：DHT11 输入管脚配置
 * 输入参数：无
 * 返 回 值：无
 * 说    明：无
  * 作    者：zyb
  * 时    间：2022 年 3 月 28 日
  * 备    注：
 */

void Dht11_IO_IN(void)
{
    GPIO_InitTypeDef GPIO_Initstruct;
    RCC_APB2PeriphClockCmd(RCC_APB2Periph_GPIOB,ENABLE);
    GPIO_Initstruct.GPIO_Mode=GPIO_Mode_IN_FLOATING;
    GPIO_Initstruct.GPIO_Pin=GPIO_Pin_6;
    GPIO_Initstruct.GPIO_Speed=GPIO_Speed_50MHz;
    GPIO_Init(GPIOB,&GPIO_Initstruct);
}

/*
 * 函数功能：用 DHT11 测量温湿度
 * 输入参数：无
 * 返 回 值：无
 * 说    明：无
  * 作    者：zyb
  * 时    间：2022 年 3 月 28 日
  * 备    注：
```

```
    */

void Dht11_Measure(void)
{
    char str[32]={0};
    u8 i=0,j=0;
    u8 data[5]={0};
//  u16 temp=0,humi=0;
    Dht11_IO_OUT();// 输出
    GPIO_SetBits(GPIOB,GPIO_Pin_6);
    delay_ms(100);// 空闲状态
    GPIO_ResetBits(GPIOB,GPIO_Pin_6);
    delay_ms(20);
    GPIO_SetBits(GPIOB,GPIO_Pin_6);
    Dht11_IO_IN();// 输入
    printf("Dht11_IO_IN(); 输入 \r\n");
    while(GPIO_ReadInputDataBit(GPIOB, GPIO_Pin_6));// 等待高电平结束，响应信
号到来
    printf("Dht11_IO_IN(); 输入 \r\n");
    while(!GPIO_ReadInputDataBit(GPIOB, GPIO_Pin_6));// 等待响应信号结束，高电
平到来
    printf("Dht11_IO_IN(); 输入 \r\n");
    for(i=0;i<5;i++)
    {
            for(j=0;j<8;j++)
            {
                    while(GPIO_ReadInputDataBit(GPIOB, GPIO_Pin_6));// 等 待 高 电
平结束，有效数据位的低电平到来
                    while(!GPIO_ReadInputDataBit(GPIOB, GPIO_Pin_6));// 等待有效
数据位的低电平到来结束，有效数据位的高电平到来
                    delay_us(35);
                    if(GPIO_ReadInputDataBit(GPIOB, GPIO_Pin_6))
                            data[i] |=0x01<<(7-j);
                    else
                            data[i] &= ~ (0x01<<0);
            }
```

```
        }
        if(data[4]==(data[0]+data[1]+data[2]+data[3]))
        {
                reg_data[0]=data[2]+data[3]/10-10;
                reg_data[1]=data[0]+data[1]/10;
                u16 tempture=reg_data[0];
                u16 humidity=reg_data[1];
                printf(" 温度 :%d\r\n 湿度 :%d\r\n",reg_data[0],reg_data[1]);
                sprintf(str,"tempture: %d    humidity: %d    ",tempture,humidity);
                OLED_Clear(0x00);
                oled_hz_zf(0,0,(u8 *)str);
        }
}


/*
 * 函数功能 : 热释电初始化配置
 * 输入参数 : 无
 * 返 回 值 : 无
 * 说    明 : PB5 管脚配置
 * 作    者 : zyb
 * 时    间 : 2022 年 3 月 28 日
 * 备    注 :
*/


void PIR_Init(void)
{
    GPIO_InitTypeDef GPIO_Initstruct;
    RCC_APB2PeriphClockCmd(RCC_APB2Periph_GPIOB,ENABLE);// 打开时钟
    GPIO_Initstruct.GPIO_Mode=GPIO_Mode_IN_FLOATING;// 设置为浮空输入模式
    GPIO_Initstruct.GPIO_Pin=GPIO_Pin_5;
    GPIO_Initstruct.GPIO_Speed=GPIO_Speed_50MHz;
    GPIO_Init(GPIOB,&GPIO_Initstruct);
}


/*
 * 函数功能 : 用热释电传感器检测是否有人
```

* 输入参数 : 无

* 返 回 值 : 无

* 说　明 : 无

　* 作　者 : zyb

　* 时　间 : 2022 年 3 月 28 日

　* 备　注 : 检测 100 次，如果超过 50 次结果为有人，就是有人

*/

```
void Per_Check(void)
{
    u8 i=0,count=0;
    for(i=0;i<100;i++)
    {
            if(GPIO_ReadInputDataBit(GPIOB,GPIO_Pin_5)==1)// 高电平为有人，低
电平没人
            {
                    count++;
            }
            delay_ms(5);
    }
    if(count>50)
    {
            printf(" 有人 ");
    }
    else
            printf(" 没人 ");
}


/*
```

* 函数功能 : 继电器初始化配置

* 输入参数 : 无

* 返 回 值 : 无

* 说　明 : PC11 管脚配置

　* 作　者 : zyb

　* 时　间 : 2022 年 3 月 28 日

　* 备　注 :

```
*/

void Relay_Init(void)
{
    GPIO_InitTypeDef GPIO_Initstruct;
    RCC_APB2PeriphClockCmd(RCC_APB2Periph_GPIOC,ENABLE);// 打开时钟
    GPIO_Initstruct.GPIO_Mode=GPIO_Mode_Out_PP;// 设置为通用推挽输出
    GPIO_Initstruct.GPIO_Pin=GPIO_Pin_11;
    GPIO_Initstruct.GPIO_Speed=GPIO_Speed_50MHz;
    GPIO_Init(GPIOC,&GPIO_Initstruct);
}

/*
 * 函数功能 : 打开继电器
 * 输入参数 : 无
 * 返 回 值 : 无
 * 说    明 : PC11 管脚配置
  * 作    者 : zyb
  * 时    间 : 2022 年 3 月 28 日
  * 备    注 :
 */

void Relay_On(void)
{
    GPIO_SetBits(GPIOC,GPIO_Pin_11);
}

/*
 * 函数功能 : 关闭继电器
 * 输入参数 : 无
 * 返 回 值 : 无
 * 说    明 : PC11 管脚配置
  * 作    者 : zyb
  * 时    间 : 2022 年 3 月 28 日
  * 备    注 :
 */
```

```
void Relay_Off(void)
{
    GPIO_ResetBits(GPIOC,GPIO_Pin_11);
}
```

* d
ma.c**

```
#include "main.h"

void Dma_Adc_Init(void)
{
    DMA_InitTypeDef DMA_InitSources={0};
    // 时钟 ---DMA1 时钟
    RCC_AHBPeriphClockCmd(RCC_AHBPeriph_DMA1,ENABLE);
    DMA_InitSources.DMA_MemoryBaseAddr=(uint32_t)&reg_data[2];// 存储器地址
    DMA_InitSources.DMA_PeripheralBaseAddr=(u32)&ADC1->DR;// 外设地址
    DMA_InitSources.DMA_BufferSize=3;// 传输数据数量
    DMA_InitSources.DMA_DIR=DMA_DIR_PeripheralSRC;// 从外设到存储器
    DMA_InitSources.DMA_M2M=DMA_M2M_Disable;// 不适用内存到内存
    // 存储器数据宽度
    DMA_InitSources.DMA_MemoryDataSize=DMA_MemoryDataSize_HalfWord;
    // 存储器增量模式
    DMA_InitSources.DMA_MemoryInc=DMA_MemoryInc_Enable;
    // 外设数据宽度
    DMA_InitSources.DMA_PeripheralDataSize=DMA_PeripheralDataSize_HalfWord;
    // 外设失能增量模式
    DMA_InitSources.DMA_PeripheralInc=DMA_PeripheralInc_Disable;
    // 循环模式
    DMA_InitSources.DMA_Mode=DMA_Mode_Circular;
    // 优先级配置 --- 高
    DMA_InitSources.DMA_Priority=DMA_Priority_High;
    // 初始化 DMA1_Channel1
    DMA_Init(DMA1_Channel1,&DMA_InitSources);

    DMA_Cmd(DMA1_Channel1,ENABLE);
}
```

```
    u8 usart_data[100]={0};
    void Dma_Usart_Init(void)
    {
        DMA_InitTypeDef DMA_Initstruct;
        RCC_AHBPeriphClockCmd(RCC_AHBPeriph_DMA1,ENABLE);// 开时钟
        DMA_Initstruct.DMA_MemoryBaseAddr=(uint32_t)usart_data;// 存储器地址
        DMA_Initstruct.DMA_PeripheralBaseAddr=(u32)&USART1->DR;// 外设地址
        DMA_Initstruct.DMA_BufferSize=100;//DMA 缓存的大小
        DMA_Initstruct.DMA_DIR=DMA_DIR_PeripheralSRC;// 外设作为数据传输的来源
        DMA_Initstruct.DMA_M2M=DMA_M2M_Disable;// 没有设置为内存到内存传输
        DMA_Initstruct.DMA_MemoryDataSize=DMA_MemoryDataSize_Byte;// 数据宽度
为 8 位
        DMA_Initstruct.DMA_MemoryInc=DMA_MemoryInc_Enable;// 内存地址寄存器
递增
        DMA_Initstruct.DMA_PeripheralDataSize=DMA_PeripheralDataSize_Byte ;// 数据
宽度为 8 位
        DMA_Initstruct.DMA_PeripheralInc=DMA_PeripheralInc_Disable;// 外设地址寄存
器不变
        DMA_Initstruct.DMA_Priority=DMA_Priority_High;// 高优先级
        DMA_Initstruct.DMA_Mode=DMA_Mode_Circular;// 工作在循环缓存模式
        DMA_Init(DMA1_Channel5,&DMA_Initstruct);

        DMA_Cmd(DMA1_Channel5,ENABLE);//DMA 使能
    }

    void adc_dma_data(void)
    {
        char buf[64]={0};
      u16 GZ=reg_data[2];
        u16 mq135=reg_data[3];
        u16 mq2=reg_data[4];
        if(DMA_GetFlagStatus(DMA1_FLAG_TC1)==1)
        {
                DMA_ClearFlag(DMA1_FLAG_TC1);
          printf("GZ:%d\r\nmq135:%d\r\nmq2:%d\r\n",reg_data[2],reg_data[3],reg_data[4]);
                sprintf(buf,"light: %d    air_quality:%d smoke: %d ",GZ,mq135,mq2);
```

```
            OLED_Clear(0x00);
        oled_hz_zf(0,0,(u8 *)buf);
      }
  }
```

* c
rc.c***********************************